Peter Dörsam

# Grundlagen der Investitionsrechnung

anschaulich dargestellt

5. überarbeitete Auflage

- ausführliche Darstellung der
  wichtigsten Zusammenhänge
- typische Klausuraufgaben mit
  detaillierten Lösungsvorschlägen

PD-Verlag  Heidenau

**Bibliografische Information Der Deutschen Bibliothek**

Die Deutsche Bibliothek verzeichnet diese Publikation in der Deutschen Nationalbibliografie; detaillierte bibliografische Daten sind im Internet über http://dnb.ddb.de abrufbar.

1. Auflage Januar 1997 (ISBN 3-930737-41-8)
2. überarb. und erw. Aufl. Dezember 1998 (ISBN 3-930737-42-6)
3. überarb. und erw. Aufl. Januar 2003 (ISBN 3-930737-43-4)
4. überarb. Auflage 2004, 11. - 15. Tausend  (ISBN 3-930737-44-2)
5. überarb. Auflage 2007, 16. - 22. Tausend
© 1997 - 2007 PD-Verlag, Everstorfer Str.19, 21258 Heidenau,
Tel. 04182/401037,  FAX: 04182/401038
http://www.pd-verlag.de, E-Mail: mail@pd-verlag.de

ISBN 978-3-86707-405-6

# Vorwort

*Das Ziel der vorliegenden Ausarbeitung ist es, die Grundlagen der Investitionsrechnung verständlich zu vermitteln. In der zweiten Auflage wurde die Ausarbeitung um Abschnitte zur Berücksichtigung von Steuern und zur Investitionstheorie unter Unsicherheit erweitert. Für den Bereich zur Unsicherheit sind Grundkenntnisse der Entscheidungstheorie nützlich. Diese werden z.B. in dem ebenfalls im PD-Verlag erschienen Buch „Grundlagen der Entscheidungstheorie anschaulich dargestellt" vermittelt und werden in diesem Titel nur angerissen. Bei der 3. Auflage wurde der Abschnitt 2.4 (Ermittlung des internen Zinssatzes) um einen Abschnitt zum Newton-Verfahren erweitert. Zudem wurden zahlreiche weitere Überarbeitungen und Ergänzungen vorgenommen. Schließlich wurde das Buch auch an die neue deutsche Rechtschreibung angepasst. Bei der 4. Auflage und der vorliegenden 5. Auflage wurden textliche Überarbeitungen vorgenommen und einige Grafiken neu gestaltet.*

*Die statischen Methoden der Investitionsrechnung werden in dieser Ausarbeitung höchstens am Rande erwähnt; da bei diesen Verfahren die Zinseszinseffekte nicht richtig berücksichtigt werden, liefern sie nur Näherungswerte für die korrekten Größen, die sich bei der Anwendung der dynamischen Verfahren ergeben. Da die Anwendung der dynamischen Methoden dank der Taschenrechner und Computer heute auf keine technischen Probleme stößt, gibt es keine vernünftige Begründung, warum man die statischen statt der dynamischen Methoden benutzen sollte. Meines Erachtens stiftet die Beschäftigung mit den statischen Methoden letztendlich mehr Verwirrung, als sie an zusätzlicher Erkenntnis bringt.*

*Am Ende der Ausarbeitung sind Tabellen für den Abzinsungs-Summen-Faktor und den Kapital-Wiedergewinnungs-Faktor angeführt. Eigentlich erscheint es zweckmäßiger, nicht mit diesen Tabellen zu arbeiten und stattdessen jeweils die exakten Werte auszurechnen. Auf diese Weise umgeht man die Rundungsungenauigkeit der Tabellen. Vor allem ist man so auch in der Lage, Berechnungen für Zinssätze durchzuführen, die nicht tabelliert sind. In der Praxis werden sich in der Regel krumme (nicht tabellierte) Zinssätze ergeben.*

*Die Ausarbeitung wird durch zahlreiche Aufgaben ergänzt. Diese Aufgaben sollten keinesfalls so begriffen werden, dass man sich einfach nur die Lösungen anschaut. Ein wirklich nachhaltiger Lerneffekt wird sich nur einstellen, wenn man zuerst versucht, die Aufgaben selbst zu lösen. Erst wenn man an einer Stelle längere Zeit nicht weiterkommt, sollte man sich die Lösungsvorschläge anschauen. Die Lösungsvorschläge sind meistens sehr ausführlich, so ausführlich brauchen die Aufgaben in der Regel in den Klausuren nicht gelöst zu werden - und es sind natürlich nur Lösungsvorschläge.*

*Trotz aller Sorgfalt können sich Fehler eingeschlichen haben - für entsprechende Hinweise bin ich jederzeit dankbar.*

*Vielen Dank an dieser Stelle an Renate Dörsam, Benedikt Grasmann, Jessica Resch, Albrecht Trautmann und Dagmar Winkelhofer-Bülow und alle anderen, die mir Hinweise auf Fehler und Verbesserungsvorschläge gaben.*

*Peter Dörsam*

# Inhaltsverzeichnis

# 1 Grundlagen

Nachfolgend soll zunächst eine Abgrenzung des Investitionsbegriffes gegeben werden, dann wird auf die verschiedenen Arten von Investitionen eingegangen, wobei Einordnungen nach unterschiedlichen Kriterien möglich sind. Weiterhin wird in diesem Grundlagenabschnitt ein Überblick über die Methoden der Investitionsrechnung gegeben. Insbesondere wird hierbei auf den Unterschied zwischen den statischen und den dynamischen Verfahren der Investitionsrechnung eingegangen und die nachfolgende Beschränkung auf die dynamischen Verfahren erläutert.

## 1.1 Was ist eine Investition?

Eine Investition ist eine Umwandlung von Zahlungsmitteln in andere Vermögenswerte materieller oder immaterieller Art. Hierbei kann es sich um so unterschiedliche Vermögenswerte wie Maschinen (Anlageinvestitionen), Rohstoffe (Lagerinvestitionen), Wertpapiere (Finanzinvestitionen) etc. handeln.

Allerdings spricht man nur von einer Investition, wenn eine längerfristige Kapitalbindung vorliegt. Wenn z. B. der Betreiber eines Restaurants Lebensmittel für die nächsten 2 Tage einkauft, so würde man nicht von einer Investition in Lebensmittel sprechen. Würde hingegen ein Weinhändler sein Depot auffüllen, um die neuen Weine dort 10 Jahre zu lagern, so handelt es sich um eine Investition.

Die zuvor angeführte Definition für eine Investition enspricht dem **ver mögensorientierten Investitionsbegriff**. Heutzutage wird stattdessen eher der **zahlungsstromorientierte Investitionsbegriff** verwendet. Hierbei wird eine Investition als ein Zahlungsstrom begriffen, der zunächst Auszahlungen beinhaltet und später Einzahlungen erwarten lässt. Im weiteren Verlauf dieser Abhandlung werden Investitionen zumeist durch ihren Zahlungsstrom beschrieben. In diesem Zusammenhang wird folgender Einwand[1] angeführt:

Ist es überhaupt möglich, einer bestimmten Investition eine exakte Zahlungsreihe zuzuordnen? Ist es nicht vielmehr so, dass insbesondere im Fertigungsbereich von Industrieunternehmen immer schon andere In-

---

1: Vgl. zu dem Einwand und zu seiner Widerlegung Kruschwitz, Lutz (1998): Investitionsrechnung, S. 27f.

vestitionen existieren und die zusätzliche Investition alleine gar keine Einnahmen erwirtschaften kann, da zur Erstellung der Produkte auch bereits vorhandene Maschinen, Gebäude usw. benötigt werden?[1] Folgt hieraus nicht, dass einer einzelnen Investition gar keine eindeutigen Zahlungsströme zugeordnet werden können?

Diese Einwände sind zunächst überzeugend. Es ist in der Tat nicht zweifelsfrei bestimmbar, wie zusätzliche Umsatzerlöse auf die bereits vorhandenen und die neue Investition aufgeteilt werden sollten.

Lässt sich aus den angeführten Einwänden nicht folgern, dass die Investitionsrechnung für die Praxis irrelevant ist, da die Voraussetzungen einer Zuordnung der Umsatzerlöse eigentlich nie erfüllt ist?

Dieser Einwand ist falsch, denn für die Anwendung der Investitionsrechnung ist es überhaupt nicht erforderlich, dass eine derartige Aufteilung der Umsatzerlöse auf die bereits vorhandenen Investitionen und die zusätzliche Investition möglich ist. Der zusätzlichen Investition werden einfach die durch sie verursachten Grenzerlöse zugerechnet. Denn zu untersuchen ist, ob die zusätzliche Investition für den Betrieb vorteilhaft ist, und hierfür sind die Änderungen der Zahlungsreihen entscheidend. Dies sei nachfolgend anhand eines Beispiels erläutert:

Angenommen, eine Druckerei fertige bisher nur Softcover–Bücher und erwägt, in zusätzliche Produktionsanlagen zur Erstellung von Hardcover–Büchern zu investieren. Durch die zusätzliche Hardcover–Produktion werden zusätzliche Einnahmeüberschüsse von 800.000 EUR jährlich erwartet. Hierbei werden auch freie Kapazitäten der bereits vorhandenen Druckmaschinen benötigt. Trotzdem würden die zusätzlichen 800.000 EUR ohne die Hardcover–Produktion nicht erwirtschaftet, so dass sie einer Investition in diese Erweiterung zugerechnet werden können.[2]

Im Folgenden wird die Vorteilhaftigkeit von Investitionen oder die Auswahl zwischen mehreren sich ausschließenden Investitionen betrachtet

---

1: In diesem Zusammenhang wird auch von direkten Interdependenzen gesprochen.

2: Falls die Kapazität der vorhandenen Druckmaschinen nicht ausreichen sollte, so wäre die notwendige Erweiterung der Druckkapazität zu dem Investitionsvolumen hinzuzurechnen. Auch eine mögliche Verwendung der freien Kapazitäten für andere Druckerzeugnisse müsste in die Abwägung einfließen.

(Einzelentscheidungen). Typischerweise schließen sich Investitionen aus, wenn eine bestimmte Absatzmenge möglich ist, die Produktion dieser Menge aber durch verschiedene Investitionen realisiert werden kann.

Anders stellt sich die Situation dar, wenn mehrere Investitionen gleichzeitig möglich sind, aber nur begrenzte Finanzmittel vorhanden sind.[1] In diesen Fällen müssen **Programmentscheidungen** getroffen werden, die in Abschnitt 5 behandelt werden.

# 1.2 Investitionsarten

Es gibt verschiedene Möglichkeiten, Investitionen zu klassifizieren.

Zunächst kann natürlich einfach nach der Art des Investitionsobjektes unterschieden werden. Hierbei würde sich also eine Einteilung in:

Maschinen, Kraftfahrzeuge, Immobilien, Patente, Wertpapiere, Lehrmaterialien usw. ergeben.

Allerdings ist diese Art der Einteilung wenig systematisch. Gängiger ist eine Aufteilung nach den Funktionsbereichen, denen die Investition zugeordnet ist.

| Investitionen nach Funktionsbereichen | |
|---|---|
| **Funktionsbereich** | **Erläuterung** |
| Auf- und Ausbau des Produktionsapparates | Hierbei handelt es sich um Investitionen wie etwa Maschinen, die man sich typischerweise vorstellt, wenn man an Investitionen denkt. |
| Auf- und Ausbau der Organisation | In diesem Bereich würde z. B. die Installation einer neuen EDV-Anlage oder die Einrichtung eines neuen Vertriebssystems gehören. |
| Finanzinvestitionen | Auch Finanzanlagen zählen zu den Investitionen. Es kann sich hierbei um direkte Beteiligungen an anderen Unternehmen, Aktien, Anleihen oder andere Formen der Geldanlage handeln. In der Regel wird ein Unternehmen Investitionen im eigenen Unternehmen nur |

---

1: In diesem Fall wird auch von indirekten Interdependenzen gesprochen.

| | dann tätigen wenn nicht mit Finanzinvestitionen eine höhere Rendite zu erzielen ist. |
|---|---|
| Personal- und Sozialinvestitionen | Personalinvestitionen dienen der Anwerbung und Ausbildung des Personals. Sozialinvestitionen (z. B. Betriebskindergärten, Kantinen, Sportanlagen) sollen die Motivation des Personals erhöhen. |
| Absatzbereich | Diese Investitionen dienen dem Marken- und Firmenimage. Hierbei handelt es sich um langfristig wirksame Werbe- und Public Relations-Kampagnen. |
| Forschung und Entwicklung | Sie dienen, wie der Name schon sagt, der Entwicklung neuer Produkte. |

Natürlich lassen sich die verschiedenen Funktionen der Investitionen nicht immer eindeutig voneinander abgrenzen.

Eine weitere Unterscheidung, die insbesondere im **Produktionsbereich** üblich ist, gliedert die Investitionen nach dem Investitionszweck:

| Investitionen nach Investitionszweck | |
|---|---|
| **Zweck** | **Erläuterung** |
| Neuinvestitionen | Gründungen, Errichtung neuer Zweigwerke |
| Erweiterungsinvestitionen (bzw. Ergänzungsinvestitionen) | Ausbau vorhandener Kapazitäten |
| Ersatzinvestitionen | Ersatz vorhandener Anlagen durch neue. Hierbei wird zwischen dem technisch bedingten Ersatz und dem wirtschaftlich bedingten Ersatz unterschieden. |

# 1.3   Methoden der Investitionsrechnung

In der Regel entsteht bei einer Investition zu Anfang ein hoher Finanz-
bedarf, während die Rückflüsse sich in die Zukunft erstrecken. Eine Zahlung heute ist aber nicht dasselbe wie eine Zahlung in 10 Jahren, dies er-
lebt jeder schmerzhaft, wenn er sich bei der Bank Geld leihen will.

Kapital ist ein Produktionsfaktor, d.h. durch den Einsatz von zusätz-
lichem Kapital kann in der Regel die Produktion erhöht werden. Beispielsweise können bessere Maschinen angeschafft werden, so dass bei
gleichbleibendem Arbeitseinsatz mehr produziert werden kann. Wie bei
dem Faktor Arbeit hat somit auch der Faktor Kapital einen Preis. Dieser
Preis für Kapital bildet sich, indem auf dem Kapitalmarkt Angebot und
Nachfrage aufeinandertreffen. Entsprechend den gängigen Marktpro-
zessen bildet sich auf diesem Markt ein **Preis für das Kapital**, den man
**Zins** nennt.

Es kann also nicht ausreichen, bei einer Investition einfach alle Rückflüsse zu addieren und diese den Investitionskosten gegenüberzustellen,
um auf diese Weise über die Vorteilhaftigkeit der Investition zu entscheiden. Stattdessen müssen Zinsen berücksichtigt werden: Die verschiedenen Zahlungen müssen durch **Auf**- bzw. **Abzinsen** auf ein und
denselben Zeitpunkt umgerechnet werden. Man nennt dieses Vorgehen
auch **dynamische Investitionsrechnung**.

In der Vergangenheit wurde auch die **statische Investitionsrechnung** an-
gewandt. Bei dieser Art der Investitionsrechnung werden die durchschnittlichen Einnahmen mit den durchschnittlichen Ausgaben einer Investition verglichen. Zinsen werden hierbei in Form von durchschnittlichen Zinsen berücksichtigt. In jedem Fall bleibt der Zinseszinseffekt unberücksichtigt, so dass man bei der statischen Investitionsrechnung „fal-
sche Ergebnisse" erhält. Wenn sich die Rückflüsse der Investition auf einen relativ kurzen Zeitraum verteilen und es sich bei den Rückflüssen
um konstante Raten (uniforme Reihen) handelt, so sind die Ergebnisse
der statischen Investitionsrechnung noch eine relativ gute Näherung für
die richtigen Ergebnisse, die von der dynamischen Investitionsrechnung
geliefert werden. Insbesondere wenn die Rückflüsse aus Raten unterschiedlicher Höhe bestehen und über die Zeit stark streuen, sind die Ergebnisse der statischen Investitionsrechnung jedoch katastrophal.

Heutzutage, da Taschenrechner und Computer allgegenwärtig sind, gibt es eigentlich keinen vernünftigen Grund mehr, sich mit der statischen Investitionsrechnung zu beschäftigen. Ganz im Gegenteil erschwert sie vielen Studenten zunächst den Überblick über das Gebiet der Investitionsrechnung. Daher wird im Folgenden eine weitgehende Beschränkung auf das Gebiet der dynamischen Investitionsrechnung durchgeführt.

# 1.4   Problemstellungen der Investitionsrechnung

Es lassen sich 3 verschiedene Problemstellungen in der Investitionsrechnung unterscheiden, die nachfolgend kurz skizziert werden:

**Problem der Vorteilhaftigkeit**

Hierbei wird untersucht, ob es überhaupt vorteilhaft ist, die betrachtete Investition durchzuführen. Es müssen die Finanzierungskosten für die Investition bzw., wenn eigene Mittel für die Investition verwendet werden, die entgangenen Einnahmen aufgrund dieser Investition (Opportunitätskosten) berücksichtigt werden. Denn wenn diese Investition nicht getätigt worden wäre, so hätten die freien Gelder in Finanzinvestitionen angelegt werden können.

**Wahlproblem[1]**

Beim Wahlproblem stehen mehrere Investitionsentscheidungen zur Verfügung. Diese müssen jeweils auf ihre Vorteilhaftigkeit überprüft und in eine Rangfolge gebracht werden.

**Ersatzproblem**

Hierbei ist zu untersuchen, ob und gegebenenfalls auch wann eine Anlage durch eine neue Anlage ersetzt werden soll.

---

1:  Da das Unterlassen jeglicher Investition in der Regel eine mögliche Alternative ist, handelt es sich bei dem zuvor beschriebenen Problem der Vorteilhaftigkeit eigentlich auch nur um ein Wahlproblem zwischen der Durchführung und dem Unterlassen der Investition.

# 2 Die dynamischen Methoden

## 2.1 Finanzmathematische Grundlagen

### 2.1.1 Kalkulationszinsfuß

Eine sehr wichtige Grundlage für die Investitionsrechnung ist der **Kalkulationszinsfuß (i)**. Hierbei handelt es sich um die Mindestverzinsung, die der Investor von der Investition fordert, um sie durchzuführen. Diese Verzinsung orientiert sich an den Kosten, die dem Investor durch die Investition entstehen. Wenn er sich das Geld leihen muss, so entsprechen diese Kosten dem Kreditzinssatz. Finanziert der Investor hingegen die Investition mit seinen eigenen Finanzmitteln, so entstehen ihm **Opportunitätskosten**, denn ihm entgehen die Gewinne aus alternativen Kapitalanlagemöglichkeiten. In der Regel wird in diesem Fall der Effektivzins, den der Investor am Kapitalmarkt erzielen kann, als Kalkulationszinsfuß gewählt. Insgesamt ergeben sich folgende Möglichkeiten für den Kalkulationszinsfuß:

| | |
|---|---|
| Finanzierung aus Eigenkapital | Für **i** ist die höchste Verzinsung anzusetzen, die sich bei der alternativen Verwendung des Eigenkapitals erzielen lässt. Hierbei kann es sich beispielsweise um die Anleiherendite am Kapitalmarkt handeln. |
| Finanzierung aus Fremdkapital | Für **i** ist der Kreditzins langfristiger Kredite zu verwenden. |
| Finanzierung aus Eigen- und Fremdkapital | Entsprechend der Aufteilung auf Eigen- und Fremdkapital ist eine Mittelung der zuvor beschriebenen Zinssätze vorzunehmen. |

An dieser Stelle wird zunächst davon ausgegangen, dass keine Unsicherheit über die Zahlungsreihe der Investition besteht. Diese Annahme ist natürlich nicht sehr realistisch. In Kapitel 6 werden verschiedene Methoden zur Berücksichtigung der Unsicherheit behandelt. In den nächsten Kapiteln, bis einschließlich Kapitel 5, wird allerdings von sicheren Erwartungen ausgegangen.

Eine stark vereinfachende Methode zur Berücksichtigung der Unsicherheit soll aber bereits an dieser Stelle erwähnt werden:

„Der Kalkulationszinsfuß wird um einen **Risikoaufschlag** erhöht."

Da die Investoren in der Regel risikoscheu sind, handelt es sich um einen Aufschlag und keinen Abschlag. Der Risikoaufschlag stellt den zusätzlichen Zins dar, den der Investor fordert, damit er bereit ist, das Risiko der Investition auf sich zu nehmen. Ein risikoscheuer Anleger würde natürlich eine Investition, die gerade eben den Zins für die aufgenommenen Kredite oder den Zins der alternativen Anlage des Geldes in Anleihen erbringt, nicht durchführen. Der Risikoaufschlag stellt eine stark vereinfachende Methode zur Berücksichtigung der Unsicherheit dar. Der Vorteil liegt darin, dass die nachfolgend betrachteten Methoden trotzdem verwendet werden können, es wird einfach mit einem erhöhten Wert für i kalkuliert.

## 2.1.2 Auf- und Abzinsen

Es sei ein Zinssatz von jährlich 10% ($10\% = \frac{10}{100} = 0,1$) gegeben. Aus 1.000 EUR werden dann nach einem Jahr:

$$1 * 1.000 \text{ EUR} + 0,1 * 1.000 \text{ EUR} = 1.100 \text{ EUR}.$$

Einerseits bleibt das ursprüngliche Geld erhalten und andererseits kommen die Zinsen hinzu. Man kann nun auch die 1 und die 0,1 zusammenzählen und erhält so den Faktor, um den sich das Geld pro Jahr vermehrt. Diesen Faktor bezeichnet man mit **q**. Ist **i** der Zinssatz, so gilt q = (1 + i). Wenn das Geld über mehrere Jahre verzinst werden soll, so muss jedes Jahr mit dem Faktor q multipliziert werden. Nach 4 Jahren werden also aus den 1.000 EUR bei 10% Zinsen:

$$1.000 \text{ EUR} * 1,1 * 1,1 * 1,1 * 1,1 = 1.000 \text{ EUR} * 1,1^4 = 1.464 \text{ EUR}$$

In diesem Betrag sind die **Zinseszinsen** enthalten. Die 1.000 EUR erbringen zunächst 100 EUR Zinsen; würde man diese Zinsen mit 4 multiplizieren und zu den 1.000 EUR addieren, so erhielte man 1.400 EUR. In diesem Fall hätte man die Zinseszinsen übersehen, denn im zweiten Jahr müssen nicht nur die 1.000 EUR, sondern auch die Zinsen für das erste Jahr verzinst werden usw.

Allgemein ergibt sich also für einen Betrag nach n Jahren:

$$\text{Endbetrag} = \text{Anfangsbetrag} * q^n$$

Den Faktor $q^n$ nennt man auch **Aufzinsungs-Faktor.** Zu Zeiten, als noch keine Taschenrechner verfügbar waren, wurden die Werte des Aufzinsungsfaktors für bestimmte Zinswerte tabelliert. In der BWL werden diese Tabellen teilweise auch heute noch benutzt. Einfacher und genauer ist es aber, einen Taschenrechner zu benutzen.

Interessant ist natürlich nicht nur die Fragestellung, wieviel aus einem Betrag in der Zukunft wird, sondern auch, wieviel ein Betrag, der in der Zukunft gezahlt wird, heute wert ist. Angenommen, in 4 Jahren sollen 1.464 EUR ausgezahlt werden. Wieviel ist dieses Geld, bei einem unterstellten Zinssatz von 10%, heute wert? Um diese Frage zu beantworten, muss der Vorgang des Aufzinsens rückgängig gemacht werden. Es muss für jedes Jahr durch q geteilt werden. Für diesen Fall ergibt sich also:

$$1.464 \text{ EUR} * \frac{1}{1,1^4} = 1.000 \text{ EUR}$$

Natürlich mussten sich gerade 1.000 EUR ergeben, denn die 1.464 EUR waren ja der Wert von 1.000 EUR in 4 Jahren.

Den Wert des Geldes zum heutigen Zeitpunkt nennt man **Barwert** (B), während man den Wert am Ende der betrachteten Periode **Endwert** nennt. Es gilt:

$$\text{Endwert} = q^n * \text{Barwert}$$

$$\text{Barwert} = \frac{1}{q^n} * \text{Endwert}$$

$$q = 1 + i$$

Den Faktor $\frac{1}{q^n}$ nennt man auch **Abzinsungs-Faktor.** Der Abzinsungsfaktor ist gerade der Kehrwert des Aufzinsungs-Faktors.

Wenn mehrere Zahlungen zu verschiedenen Zeitpunkten anfallen, so müssen für die Berechnung des Bar- bzw. Endwertes alle Zahlungen entsprechend ab- oder aufgezinst werden. Es seien ein Zinssatz von 8% und die folgenden Zahlungen gegeben:

| Jahr | 1 | 2 | 3 | 4 |
|---|---|---|---|---|
| Zahlung | 1.000 | 2.000 | 1.000 | 2.000 |

Den Barwert dieser Zahlungen erhält man als Summe der abgezinsten Zahlungen:

$$B = 1.000 * \frac{1}{1,08} + 2.000 * \frac{1}{1,08^2} + 1.000 * \frac{1}{1,08^3} - 2.000 * \frac{1}{1,08^4}$$

$$= 4.904 \text{ (EUR)}$$

Aus dem Barwert erhält man den Endwert, indem der Barwert aufgezinst wird. Für den Endwert ergibt sich also:

$$E = 4.904 \text{ EUR} * 1{,}08^4 = 6.672 \text{ EUR}$$

Die einfache Summe der Zahlungen (in diesem Fall 6.000 EUR) ist immer größer als der Barwert und kleiner als der Endwert. Streng genommen gilt diese Aussage allerdings nur, wenn ein positiver Zinssatz vorliegt. Für ökonomische Problemstellungen ist dies aber in aller Regel gegeben.

## 2.1.3   Konstante Zahlungsströme (Renten)

Häufig sollen Bar- oder Endwerte von Zahlungsreihen berechnet werden. Im vorherigen Abschnitt wurde der Barwert für eine Zahlungsreihe mit ungleichen Jahreszahlungen berechnet. Natürlich kann in jedem Fall, wie dort gezeigt, zur Berechnung des Barwertes jeder Wert einzeln abgezinst werden. Wenn die Zahlungen in jedem Jahr gleich groß sind, lässt sich das Problem aber vereinfachen. Zahlungen, die jedes Jahr gleich hoch sind, nennt man auch **Renten**, daher spricht man auch von Rentenrechnung.

Es seien im folgenden R die Ratenhöhe und n die Anzahl der Raten, so ergibt sich für den Endwert dieser Zahlungsreihe:

$$E = \underset{\substack{\text{letzte} \\ \text{Rate}}}{R\,q^0} + Rq^1 + Rq^2 + ... + \underset{\substack{\text{erste} \\ \text{Rate}}}{R\,q^{n-1}} = R(1 + q + q^2 + ... + q^{n-1})$$

Die letzte Zahlung ist gerade zu dem Zeitpunkt fällig, zu dem der Endwert berechnet wird, daher wird diese Zahlung nicht aufgezinst. Die erste Zahlung erfolgt nach einem Jahr und muss deshalb für $(n-1)$ Jahre aufgezinst werden.

Bei dem sich ergebenden Ausdruck handelt es sich um eine **geometrische Reihe**. Für die geometrische Reihe gilt:

$$1 + q + q^2 + ... + q^{n-1} = \frac{q^n - 1}{q - 1}$$

Also ergibt sich für den Endwert (E):

$$E = R\,\frac{q^n - 1}{q - 1}$$

Der Barwert ergibt sich, indem der Endwert abgezinst wird:

$$B = \frac{1}{q^n} E = R \frac{1}{q^n} \frac{q^n - 1}{q - 1}$$

Bisweilen wird diese Formel auch mittels des Zinssatzes i angegeben. Wenn man in der Formel statt (1 + i) anstelle von q einsetzt, ergibt sich:

$$B = R \frac{1}{(1+i)^n} \frac{(1+i)^n - 1}{1 + i - 1} = R \frac{(1+i)^n - 1}{i * (1+i)^n}$$

Den Faktor, mit dem die konstante Rate multipliziert werden muss, um den Barwert zu erhalten, nennt man **Abzinsungs–Summen–Faktor (ASF)**, oder auch **Renten–Barwert–Faktor (RBF)**.

$$ASF_i^n = \frac{1}{q^n} \frac{q^n - 1}{q - 1} \quad bzw. \quad \frac{(1+i)^n - 1}{i * (1+i)^n}$$

Wie beschrieben wird hinter dem Abzinsungs–Summen–Faktor hochgestellt die Anzahl der Jahre (n) und heruntergestellt der Zinssatz (i) angegeben.

Die Werte für den ASF lassen sich natürlich mit den angeführten Formeln mit jedem Taschenrechner ausrechnen. Dennoch ist es bisweilen üblich, auf tabellierte Werte zurückzugreifen. Die entsprechenden Tabellen sind im Anhang wiedergegeben, und der Umgang mit ihnen wird im nächsten Abschnitt beschrieben.

Wichtig ist schließlich noch der Grenzwert für die Reihe für n gegen unendlich. Dieser Grenzwert ergibt sich folgendermaßen:

$$\lim_{n \to \infty} \frac{(1+i)^n - 1}{i * (1+i)^n}$$

Da Nenner und Zähler für n gegen unendlich ebenfalls gegen unendlich gehen, kann die Regel von l'Hospital angewendet werden. Hierbei werden Nenner und Zähler einzeln nach n abgeleitet[1]:

$$\lim_{n \to \infty} \frac{(1+i)^n - 1}{i * (1+i)^n} = \lim_{n \to \infty} \frac{\ln(1+i) * (1+i)^n}{i * \ln(1+i) * (1+i)^n}$$

---

1: Für die Ableitung von $a^x$ nach x ergibt sich $\ln(a) * a^x$. In diesem Fall $(1+i)^n$ lautet die Ableitung: $\ln(1+i) * (1+i)^n$. Die 1 im Zähler fällt beim Ableiten weg.

Nun kann also bis auf 1/i alles gekürzt werden, so dass sich ergibt:

$$\lim_{n \to \infty} \frac{\ln(1+i) * (1+i)^n}{i * \ln(1+i) * (1+i)^n} = \lim_{n \to \infty} \frac{1}{i} = \frac{1}{i}$$

Für den Barwert einer unendlichen Zahlungsreihe von 1.000 EUR ergibt sich bei einem Kalkulationszinssatz von 10% (i=0,1) beispielsweise:

$$B = R * \frac{1}{i} = 1.000 * \frac{1}{0,1} = 10.000$$

Der derzeitige Wert einer derartigen unendlichen Zahlungsreihe ist also keinesfalls unendlich. Intuitiv hätten sicherlich viele einen höheren Wert als 10.000 EUR erwartet.

Der gefundene Zusammenhang zwischen Ratenhöhe und Barwert kann auch nach der Rate aufgelöst werden:

$$B = R \frac{1}{q^n} \frac{q^n - 1}{q - 1} \quad \Big| * \frac{q^n (q-1)}{q^n - 1}$$

$$\Leftrightarrow B \frac{q^n (q-1)}{q^n - 1} = R$$

Mittels dieser Formel kann zu einem gegebenen Kapital (Barwert) die Höhe der Raten ausgerechnet werden, so dass der Barwert der Ratenzahlungen dem Kapital entspricht. Der Zinssatz und die Anzahl der Raten müssen natürlich zuvor gegeben sein.

Es soll beispielsweise ein Kredit von 100.000 EUR in 10 gleich großen Raten abgelöst werden. Eine derartige Rückzahlung in gleich großen Raten, die sowohl die Zinsen als auch die Tilgung beinhaltet, nennt man **annuitätische** Tilgung. Die sich hierbei ergebenden Raten heißen entsprechend **Annuitäten**. Für die Fragestellung sei nun weiterhin ein Kalkulationszinsfuß von 7% angenommen. Mittels der gefundenen Formel ergibt sich:

$$R = \frac{1,07^{10}(1,07 - 1)}{1,07^{10} - 1} * 100.000 \text{ EUR} = 14.238 \text{ EUR}$$

Die Annuitäten betragen somit 14.238 EUR. Wenn man von diesen Raten den Barwert ausrechnet, so ergibt sich natürlich wieder ein Barwert von 100.000,– EUR.

Den Faktor $\dfrac{q^n (q-1)}{q^n - 1}$

nennt man **Kapital-Wiedergewinnungs-Faktor (KWF)** oder auch einfach **Wiedergewinnungs-Faktor (WGF)**.

Auch der Kapital-Wiedergewinnungs-Faktor kann sowohl mittels q als auch i ausgedrückt werden. Auch bei ihm werden am Ende die Laufzeit und der Zinssatz angegeben:

$$\mathrm{KWF}_i^n = \frac{q^n (q-1)}{q^n - 1} \quad \text{bzw.} \quad \frac{i * (1+i)^n}{(1+i)^n - 1}$$

Der KWF ist gerade der Kehrwert des Abzinsungs-Summen-Faktors. Somit ergibt sich für den KWF einer unendlichen Zahlungsreihe (n= $\infty$):

$$\mathrm{KWF}_i^\infty = i$$

## 2.1.4 Rechnen mit den Tabellenwerten

Die zuvor berechnete Annuität soll nun noch einmal mit Hilfe des Kapital-Wiedergewinnungs-Faktors berechnet werden. Es galt, 100.000 EUR auf 10 Annuitäten bei einem Kalkulationszinsfuß von 7% zu verteilen, also:

$$n = 10 \text{ und } i = 7\%$$

Nun schlägt man in der Tabelle den entsprechenden Wert für den KWF nach. Hierbei muss die Zeile für i = 7% und die Spalte für n = 10 gewählt werden.

Zunächst sei ein Ausschnitt aus der Tabelle der Kapital-Wiedergewinnungs-Faktoren gegeben:

| i in Prozent | | | | | | | |
|---|---|---|---|---|---|---|---|
| n | ... | 5 | 6 | 7 | 8 | 9 | ... |
| ... | ... | ... | ... | ... | ... | ... | ... |
| 9 | ... | 0,141 | 0,147 | 0,153 | 0,160 | 0,167 | ... |
| 10 | ... | 0,130 | 0.136 | **0,142** | 0,149 | 0,156 | ... |
| ... | ... | ... | ... | ... | ... | ... | ... |

Der sich ergebende KWF wurde fett hervorgehoben. Für die Annuitäten ergibt sich nun:

$$A = 100.000 * \mathrm{KWF}_{0,07}^{10} = 100.000 * 0,142 = 14.200$$

Bei der Rechnung mit dem Taschenrechner hatte sich zuvor ein Wert von 14.238 EUR ergeben. Während der Taschenrechner den exakten Wert (hier wurde der Wert auf EUR gerundet) liefert, ergibt sich bei den Tabellenwerten eine recht starke Rundung, denn die Tabellenwerte sind ja nur bis auf 3 Nachkommastellen gegeben.

Für die Berechnung eines **Barwertes** mittels der Tabelle wird, wie zuvor beschrieben, aus der entsprechenden Tabelle für den Abzinsungs-Summen-Faktor der ASF ermittelt.

Natürlich können auch die Auf- und Abzinsungs-Faktoren aus den entsprechenden Tabellen entnommen werden. Bei diesen Faktoren ist aber die Berechnung mit dem Taschenrechner so einfach, dass sich die Berechnung der exakten Werte hier anbietet, zumal man dann auch die richtigen Werte für nicht tabellierte Zinssätze ( z. B. i = 7,4 etc.) berechnen kann.

Prinzipiell gelten die zuvor gemachten Anmerkungen auch für den ASF und KWF. Allerdings ist hier die Berechnung mit dem Taschenrechner etwas aufwendiger.

## 2.1.5 Vorschüssige Zinszahlungen

Bei den bisherigen Betrachtungen wurde stets davon ausgegangen, dass die Zinszahlungen am Ende der Periode fällig sind. Diese Art der Verzinsung, die auch der Standardfall in der Investitionsrechnung ist, nennt man **nachschüssige Verzinsung**.

Werden die Zinsen bereits am Anfang der Periode fällig, so spricht man von **vorschüssiger Verzinsung**.

Auch bei der Berechnung der Bar- und Endwerte wurde davon ausgegangen, dass die Raten jeweils nachschüssig sind, also die erste Rate am Ende der ersten Periode fällig ist usw. Die angeführten Formeln gelten also für nachschüssige Raten (Renten). Bei vorschüssigen Zahlungen werden die Raten jeweils zum Anfang der Periode fällig. Somit muss jede Rate eine volle Periode zusätzlich verzinst werden. Daher ist jede Rate noch einmal mit q zu multiplizieren. Für den Endwert E ergibt sich dann:

$$E_{\text{vorschüssig}} = R \cdot q \cdot \frac{q^n - 1}{q - 1}$$

Entsprechend ergibt sich für den Barwert bei vorschüssiger Zahlungs-weise:

$$B_{\text{vorschüssig}} = R \frac{q}{q^n} \frac{q^n - 1}{q - 1} = R \frac{1}{q^{n-1}} \frac{q^n - 1}{q - 1}$$

oder auch

$$B_{\text{vorschüssig}} = R * q * ASF_i^n$$

## 2.2　Darstellung von Investitionen

Im Rahmen der Investitionsrechnung wird eine Investition durch die mit ihr verbundenen Ausgaben und Einnahmen beschrieben. Aus Vereinfa-chungsgründen werden die im Laufe eines Jahres anfallenden Zahlungen jeweils als Summe am Jahresende veranschlagt. Im Prinzip müsste bei dieser Summierung die unterjährige Verzinsung berücksichtigt werden.[1]

Zu den **Ausgaben** bezüglich einer Investition gehören:

1. Anschaffungsausgabe ($a_0$): Netto-Einkaufspreis zuzüglich Nebenkos-ten

2. Laufende Ausgaben ($a_1$, ..., $a_n$): Löhne, Material, Energie, Instandhal-tung etc.

Die **Einnahmen** bestehen aus:

1. Laufenden Einnahmen ($e_1$, ..., $e_n$), die während der Nutzungsdauer durch den Verkauf der mit der Investition erzeugten Leistungen er-zielt werden.

2. Liquidationserlös ($L_n$): Nettoerlös aus dem Verkauf der Anlage am Ende der Nutzungsdauer.

---

1: Statt der gewählten Periodizität von einem Jahr kann beispielsweise auch mit Pe-rioden von einem Monat gerechnet werden. Werden in diesem Fall die Zahlun-gen eines Monats addiert und jeweils auf das Monatsende umgelegt, so ist die hierbei entstehende Ungenauigkeit natürlich sehr viel geringer, als wenn man alle Zahlungen eines Jahres addiert. Der Zinseszinsfaktor für eine Rechnung mit Monaten ergibt sich aus dem Zinseszinsfaktor für ein Jahr folgendermaßen:

$$q_{\text{Monat}} = (q_{\text{Jahr}})^{1/12}$$

Nachfolgend sind die Ausgaben und Einnahmen beispielhaft für eine Investition aufgeführt:

| | Periode | | | | | |
|---|---|---|---|---|---|---|
| | $t_0$ | $t_1$ | $t_2$ | $t_3$ | $t_4$ | $t_5$ |
| Einnahmen | | 2.000 | 3.100 | 3.500 | 4.200 | 4.000 |
| Ausgaben | 10.000 | 1.000 | 100 | 500 | 100 | 100 |

Relevant für die Bewertung der Investition ist nun nicht die jeweilige Aufteilung in einer Periode in Einnahmen und Ausgaben, sondern nur die Differenz (d) aus Einnahmen und Ausgaben.

Die Differenzen werden nachfolgend berechnet:

| | Periode | | | | | |
|---|---|---|---|---|---|---|
| | $t_0$ | $t_1$ | $t_2$ | $t_3$ | $t_4$ | $t_5$ |
| Einnahmen (e) | | 2.000 | 3.100 | 3.500 | 4.200 | 4.000 |
| Ausgaben (a) | 10.000 | 1.000 | 100 | 500 | 100 | 100 |
| Differenz (d) | -10.000 | 1.000 | 3.000 | 3.000 | 4.100 | 3.900 |

Eine positive Differenz bedeutet einen Einnahmeüberschuss, während eine negative Differenz entsprechend für einen Ausgabenüberschuss steht. Zum Zeitpunkt $t_0$, zu dem die Investition getätigt wird, sind noch keine Einnahmen entstanden. Daher ergibt sich für die Differenz

$$d_0: d_0 = -a_0$$

Für die Investitionsrechnung reicht es also aus, die Investition durch folgende Zahlungsreihe zu beschreiben:

$$-a_0, d_1, ..., d_n$$

Bei Klausuraufgaben sind die Zahlungen oft bereits für die Jahresenden angegeben und für die Perioden 1 bis n die Zahlungsüberschüsse berechnet.

Bei den meisten Investitionen wird am Anfang eine Ausgabe zu tätigen sein, und es wird sich in den Folgejahren jeweils ein Einnahmeüberschuss ergeben. Formal bedeutet dies, dass die $d_i$ alle positiv sein müssen ($d_i > 0$). Investitionen, die diese Bedingung erfüllen, bei denen also zu Anfang eine Zahlung zu leisten ist und sich dann in den Folgejahren nur Einzahlungsüberschüsse ergeben, nennt man **Normalinvestitionen.**[1]

Wie in Abschnitt 1.4 beschrieben, stellt der Zins den Preis des Kapitals dar und ist daher bei ökonomischen Fragestellungen eine positive Größe. Somit kann sich eine Normalinvestition nur lohnen, wenn die Summe der Überschüsse ($d_1$, ..., $d_n$) größer als die Anschaffungsausgabe ($a_0$) ist. Formal muss also gelten:

$$\sum_{t=1}^{n} d_t > a_0$$

*↙ nur dann lohnt es sich*

*Summe überschüsse dt > Anschaffungs- ausgabe $a_0$*

Wenn diese Bedingung nicht erfüllt ist, so wird sich die Investition keinesfalls lohnen, denn egal wie niedrig der Kalkulationszinsfuß dann ist, der Barwert der Einnahmeüberschüsse wird immer niedriger als die Anschaffungsausgabe sein. Ob sich die Investition, wenn die Bedingung erfüllt ist, tatsächlich lohnt, muss mit den in den nachfolgenden Abschnitten besprochenen Methoden überprüft werden.

---

1: Es kann sich auch zunächst über mehrere Perioden eine Auszahlung ergeben. Entscheidend für den Begriff der Normalinvestition ist, dass die Zahlungsreihe nur einen Vorzeichenwechsel enthält. Der Begriff der Normalinvestition ist insbesondere im Zusammenhang mit der Bestimmung des internen Zinsfußes von Bedeutung, denn nur für Normalinvestitionen ist ein eindeutiger interner Zinsfuß definiert.

# 2.3 Kapitalwertmethode

## 2.3.1 Grundlagen

Den Barwert aller mit einer Investition verbundenen Einnahmen und Ausgaben nennt man den **Kapitalwert ($C_0$)** der Investition. Beim Kapitalwert werden also alle Einnahmen und Ausgaben auf den Zeitpunkt $t_0$ umgerechnet und dann addiert bzw. subtrahiert.

Da die Anschaffungsausgabe zum Zeitpunkt $t_0$ anfällt, muss diese natürlich nicht umgerechnet werden, denn sie ist bereits als Barwert zum Zeitpunkt $t_0$ gegeben.

Die Einnahmen und Ausgaben der zukünftigen Perioden müssen auf den Zeitpunkt $t_0$ abgezinst werden. Hierzu können, wie im vorherigen Abschnitt beschrieben, zunächst die jeweiligen Differenzen ($d_i = e_i - a_i$) gebildet werden (Da diese Differenzen in der Regel positiv sind, nennt man sie oft auch einfach Einnahmeüberschüsse).

Der Kapitalwert ergibt sich nun folgendermaßen:

$$C_0 = -a_0 + \frac{1}{1+i} * d_1 + \frac{1}{(1+i)^2} * d_2 + \dots + \frac{1}{(1+i)^n} * d_n$$

Anschaffungsausgabe

Abzinsungsfaktor für $d_1$

Abzinsungsfaktor für $d_n$

Mittels des Summenzeichens kann der Ausdruck folgendermaßen geschrieben werden:

$$C_0 = -a_0 + \sum_{t=1}^{n} \frac{1}{(1+i)^t} * d_t$$

Wenn die $d_t$ alle gleich groß sind, es sich also um konstante Raten handelt, so kann die Summe durch den Abzinsungs–Summen–Faktor ersetzt werden, wie in Abschnitt 2.1.3 gezeigt wurde. Für konstante Raten (d) gilt also:

$$C_0 = -a_0 + ASF_i^n * d$$

Natürlich kann dieser Ausdruck auch mittels i bzw. q dargestellt werden:

$$C_0 = -a_0 + \frac{(1+i)^n - 1}{i * (1+i)^n} * d \quad \text{bzw.} \quad C_0 = -a_0 + \frac{1}{q^n} \frac{q^n - 1}{q - 1} * d$$

Es sei nun zunächst für das am Ende des letzten Abschnitts angeführte Beispiel der Kapitalwert berechnet. Hierbei sei ein Kalkulationszinsfuß von 10% (i = 0,1 $\Rightarrow$ q = 1,1) gegeben. Es lagen folgende Daten vor:

| | Periode | | | | | |
|---|---|---|---|---|---|---|
| | $t_0$ | $t_1$ | $t_2$ | $t_3$ | $t_4$ | $t_5$ |
| Einzahlung/Auszahlung | $-10.000$ | 1.000 | 3.000 | 3.000 | 4.100 | 3.900 |

Oder anders ausgedrückt:

$a_0 = -10.000$, $d_1 = 1.000$, $d_2 = 3.000$, $d_3 = 3.000$, $d_4 = 4.100$, $d_5 = 3.900$

Da es sich hier nicht um konstante Raten handelt, muss jeweils einzeln abgezinst werden:

$$C_0 = -10.000 + \frac{1}{1,1} * 1.000 + \frac{1}{1,1^2} * 3.000 + \frac{1}{1,1^3} * 3.000$$

$$+ \frac{1}{1,1^4} * 4.100 + \frac{1}{1,1^5} * 3.900$$

$$= -10.000 + 909,09 + 2.479,34 + 2.253,94 + 2.800,36 + 2.421,59 \approx \mathbf{864}$$

Was besagt nun ein derartiger Kapitalwert bezüglich der Vorteilhaftigkeit der Investition? Im nächsten Abschnitt wird dieser Frage nachgegangen.

## 2.3.2 Bedeutung des Kapitalwertes

Wie zuvor bereits angeführt werden zur Berechnung des Kapitalwertes alle Auszahlungen und Einnahmen der Investition auf den Zeitpunkt $t_0$ umgerechnet und dann miteinander verrechnet. Ist der Kapitalwert positiv, so überwiegen die Einnahmen. Der Kapitalwert kann gewissermaßen als aktueller Gewinn der Investition betrachtet werden. Die zuvor betrachtete Investition bringt also einen „Gewinn" von 864 EUR. Dieser Gewinn versteht sich als ein Gewinn über die Kapitalkosten zum Kalkulationszinsfuß i hinaus. Wenn sich ein Kapitalwert von 0 ergibt, so erwirtschaftet die Investition gerade den Kalkulationszinsfuß. Sie deckt bei einem Kapitalwert von 0 also gerade die Kapitalkosten (wenn ein Kredit zum Zinssatz i für die Investition aufgenommen wird) bzw. erwirtschaftet gerade den gleichen Ertrag wie die alternative Kapitalverwendung.

Als Entscheidungskriterium bei der Kapitalwertmethode gilt also:

---

Die Investition ist **vorteilhaft**, wenn der **Kapitalwert** positiv ist ($C_0 \geq 0$). Ist der Kapitalwert **negativ** ($C_0 < 0$), so wird die Investition nicht **durchgeführt**.

---

Die Null bei $C_0$ drückt aus, dass der Kapitalwert alle Zahlungen auf den Anfangszeitpunkt der Investition umrechnet. Man kann den Abgleich der Zahlungen natürlich auch zu einem anderen Zeitpunkt vornehmen. Beispielsweise kann man auch $C_n$ berechnen. Hierbei werden alle Zahlungen auf den Endzeitpunkt der Investition umgerechnet. Zwischen $C_0$ und $C_n$ besteht folgender Zusammenhang:

$$C_n = (1+i)^n * C_0$$   bzw. $C_n = q^n \cdot C_0$   ✓ aufzinsen

## 2.3.3  Berechnung des Kapitalwertes bei konstanten Einnahmeüberschüssen

Nachfolgend sei der Kapitalwert für eine Investition mit konstanten Zahlungsüberschüssen $d_t$ berechnet. Es sei folgende Investition gegeben:

*Ein Copyshop überlegt, ob er in Zukunft auch Farbkopien anbieten soll. Hierzu muss ein Farbkopierer angeschafft werden, wozu eine Investition von 25.000 EUR erforderlich ist. Die jährlichen Einnahmeüberschüsse dieser Investition werden für 5 Jahre auf 6.000,– EUR geschätzt. Nach 5 Jahren lässt der Kopierer sich nicht mehr gebrauchen, und es wird erwartet, dass er daher auch keinen Verkaufserlös mehr erbringen wird. Da der Copyshop über keine finanziellen Mittel verfügt, müsste für diese Investition ein Kredit zu 9% aufgenommen werden.*

Für die Rechnung ergeben sich also folgende Daten:

$a_0 = 25.000$ \qquad $n = 5$

$d = 6.000$ \qquad $i = 0,09$

Für den Kapitalwert ergibt sich:

$$C_0 = -25.000 + ASF^5_{0,09} * 6.000$$
$$= -25.000 + 3,890 * 6.000 = -1.660$$

Der Kapitalwert beträgt $-1.660$ EUR, ist also negativ. Somit ist die Investition nicht vorteilhaft, denn sie erwirtschaftet nicht die Kapitalkosten.

Nachfolgend sei die vorherige Rechnung ohne Benutzung der Tabelle angeführt:

$$C_0 = -a_0 + \frac{(1+i)^n - 1}{i * (1+i)^n} * d$$

$$\Rightarrow C_0 = -25.000 + \frac{(1 + 0,09)^5 - 1}{0,09 * (1 + 0,09)^5} * 6.000$$

$$\Leftrightarrow C_0 = -1.662,09$$

Wie zuvor angeführt, ist das Ergebnis mit dem Taschenrechner genauer. Aufgrund der Benutzung des Tabellenwertes ergab sich das gerundete Ergebnis von $-1.660$ EUR.

## 2.3.4 Kapitalwertfunktion

Bei dem zuvor betrachteten Beispiel hatte sich ein Kapitalwert von $-1.660$ EUR ergeben. Hierbei war ein Kalkulationszinsfuß von 9% verwendet worden. Bei einem anderen Kalkulationszinsfuß hätte sich natürlich auch ein anderer Kapitalwert ergeben. Der Kapitalwert ist also eine Funktion, die von dem Kalkulationszinsfuß abhängt. Für das betrachtete Beispiel ergibt sich für diese Funktion folgende Darstellung:

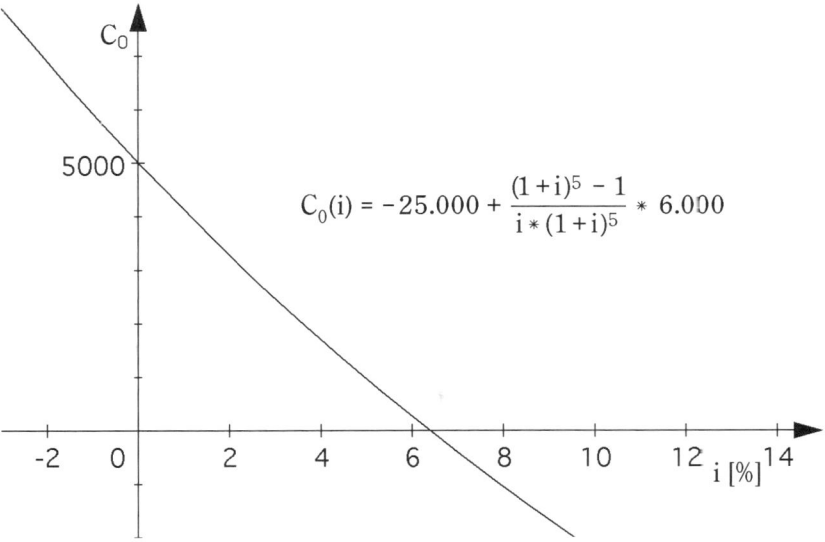

$$C_0(i) = -25.000 + \frac{(1 + i)^5 - 1}{i * (1 + i)^5} * 6.000$$

Bei einem Zinssatz von 0% können die einzelnen Zahlungen einfach gegeneinander verrechnet werden und es ergibt sich ein Kapitalwert von 5.000 EUR. Entsprechend schneidet die Kapitalwertfunktion die y-Achse bei y = 5 [5.000 EUR]. Bei der Nullstelle der Kapitalwertfunktion, also dem Schnittpunkt der Kapitalwertfunktion mit der x-Achse, beträgt der Kapitalwert Null.

## 2.3.5   Berücksichtigung von Liquidationserlösen

Nachfolgend sei für die vorherige Aufgabe mit dem Farbkopierer (vgl. 2.2.3) noch eine gewisse Modifikation betrachtet:

*Entgegen den zuvor gemachten Annahmen sei nun davon ausgegangen, dass sich für den Farbkopierer nach 5 Jahren noch ein Liquidationserlös von 5.000 EUR erzielen lässt.*

Der Liquidationserlös ist das Geld, für das man den Kopierer nach 5 Jahren noch verkaufen kann. Es handelt sich hier also um den Erlös aus der Liquidation der Investition. Ein derartiger Liquidationserlös muss natürlich bei der Berechnung des Kapitalwertes mit berücksichtigt werden. Da dieser Erlös erst am Ende anfällt, muss er entsprechend abgezinst werden.

Allgemein ergibt sich der Kapitalwert unter Berücksichtigung des Liquidationserlöses (L) somit wie folgt:

$$C_0 = -a_0 + \sum_{t=1}^{n} \left( \frac{1}{(1+i)^t} * d_t \right) + \frac{1}{(1+i)^n} * L$$

→ abzinsen

Natürlich hätte der Liquidationserlös auch in den letzten Zahlungsüberschuss $d_n$ mit einbezogen werden können, aber insbesondere bei konstanten Zahlungsüberschüssen ist es einfacher, ihn getrennt zu behandeln. Für das zuvor betrachtete Beispiel mit dem Kopierer ergibt sich nun:

$$C_0 = -25.000 + ASF_{0,09}^{5} * 6.000 + \frac{1}{(1+0,09)^5} * 5.000$$

$$= -1.660 + 3.250 = 1.586,57 \quad \text{(Tabelle 1.590)}$$

Unter der Annahme eines Liquidationserlöses von 5.000 EUR hat diese Investition also einen positiven Kapitalwert von 1.586,57 EUR und sie ist somit vorteilhaft.

# 2.4 Interner Zinsfuß

## 2.4.1 Grundlagen

Im Rahmen der vorherigen Betrachtungen wurde angeführt, dass eine Investition gerade den Kalkulationszinsfuß erwirtschaftet, wenn der Kapitalwert 0 ist. Ein positiver Kapitalwert bedeutet entsprechend, dass die Investition einen höheren Zinssatz als den Kalkulationszinsfuß erwirtschaftet. Man kann nun für eine Investition den Zinssatz ermitteln, bei dem der Kapitalwert gerade 0 wird. Dieser Zinssatz gibt dann den Kalkulationszinsfuß an, zu dem sich die Investition gerade noch lohnen würde. Dieser Zinssatz entspricht der Rendite der Investition, und man nennt ihn den **internen Zinsfuß (r)** der Investition.

Der interne Zinsfuß ergibt sich, indem man die Gleichung für den Kapitalwert gleich Null setzt (statt i muss nun natürlich r eingesetzt werden). Allgemein ergibt sich der interne Zinssatz also durch die Lösung folgender Gleichung:

$$0 = -a_0 + \sum_{t=1}^{n} \frac{1}{(1+r)^t} * d_t$$

In der Zeichnung der Kapitalwertfunktion ergibt sich der interne Zinsfuß gerade am Schnittpunkt der Funktion mit der x-Achse. Für das zuvor bereits betrachtete Farbkopierer-Beispiel ist nebenstehend die Kapitalwertfunktion mit dem zugehörigen internen Zinsfuß dargestellt.

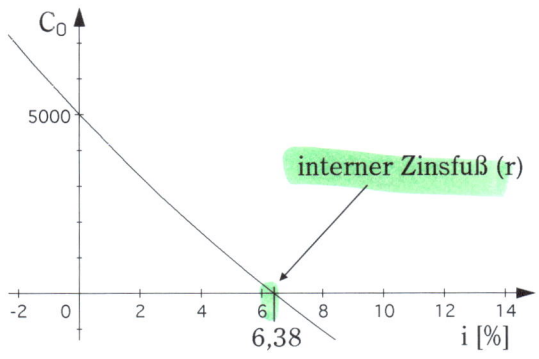

Entscheidungskriterium bei der Methode des internen Zinsfußes ist, ob der interne Zinsfuß höher als der Kalkulationszinsfuß ist. Ist dies erfüllt, so ist die Investition nach dem Kriterium des internen Zinsfußes vorteilhaft. Da genau in diesen Fällen auch der Kapitalwert positiv ist (i liegt in der Zeichnung links von r=6,38%), ergibt sich nach der Methode des internen Zinsfußes bezüglich der Vorteilhaftigkeit einer Investition nichts anderes als bei der Kapitalwertmethode.

Eine eigenständige Bedeutung hat die Methode des internen Zinsfußes hingegen beim Wahlproblem, das später (3.2) ausführlich betrachtet wird.

## 2.4.2 Interner Zinsfuß im Einperiodenfall

Es sei zunächst ein ganz einfaches Beispiel für die Berechnung des internen Zinsfußes betrachtet. Es sei folgende Investition mit einer Laufzeit von einem Jahr gegeben:

$$a_0 = 10.000, d_1 = 11.000$$

*Wie hoch ist der interne Zinsfuß?*

Es ergibt sich folgende Gleichung:

$$0 = -10.000 + \frac{1}{(1+r)} * 11.000$$

Diese Gleichung kann man nach r auflösen:

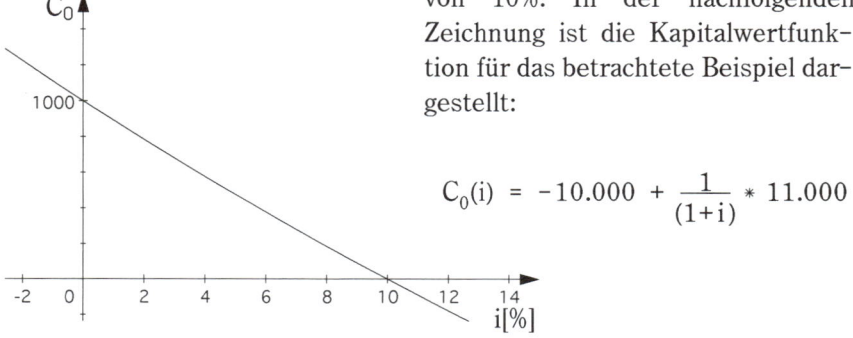

$$\Leftrightarrow 10.000 = \frac{1}{(1+r)} * 11.000$$

$$\Leftrightarrow 1 + r = \frac{11.000}{10.000}$$

$$\Leftrightarrow r = 0,1$$

Der interne Zinsfuß beträgt in diesem Fall also 10%. Natürlich hätte man dies in dem betrachteten Einperiodenfall auch sofort erkennen können, denn nach einem Jahr bekommt man die 10.000 EUR + 1.000 EUR Zinsen zurück. Die 1.000 EUR Zinsen entsprechen gerade einem Zinssatz von 10%. In der nachfolgenden Zeichnung ist die Kapitalwertfunktion für das betrachtete Beispiel dargestellt:

$$C_0(i) = -10.000 + \frac{1}{(1+i)} * 11.000$$

## 2.4.3 Interner Zinsfuß im Zweiperiodenfall

Für einen Fall von 2 Perioden wird die Berechnung des internen Zinsfußes schon schwieriger. Es sei folgendes Beispiel betrachtet:

$a_0 = 10.000,\ d_1 = 6.000,\ d_2 = 4.725$

Für den internen Zins ergibt sich folgende Gleichung:

$$0 = -10.000 + \frac{1}{(1+r)} * 6.000 + \frac{1}{(1+r)^2} * 4.725 \quad | * (1+r)^2$$

$$\Leftrightarrow 0 = (1+r)^2 * (-10.000) + (1+r) * 6.000 + 4.725$$

↳ Binomische Formel

$$\Leftrightarrow 0 = -10.000 - 20.000r - 10.000r^2 + 6.000 + 6.000r + 4.725$$

$$\Leftrightarrow 0 = -10.000r^2 - 14.000r + 725 \quad | / (-10.000)$$

$$\Leftrightarrow 0 = r^2 + 1{,}4r - 0{,}0725$$

Mittels der pq-Formel ergibt sich nun:

$$\Leftrightarrow r = -0{,}7 \pm \sqrt{0{,}7^2 + 0{,}0725}$$

$$\Leftrightarrow r = 0{,}05 \ \lor \ r = -1{,}45$$

*(Handschriftliche Anmerkungen am Rand:)*
$$* \ \frac{1}{(1+r)^{-1}} = \frac{1}{(1+r)}$$
↓ Kehr-wert
$$\frac{1}{1} \cdot (1+r)$$
$$= (1+r)$$

Man erhält also zwei Lösungen. In der nachfolgenden Graphik sind die beiden Lösungen eingezeichnet worden. Allerdings kann nur die Rendite von 5% ökonomisch interpretiert werden, denn eine Rendite von −145% würde bedeuten, dass man pro Jahr mehr als

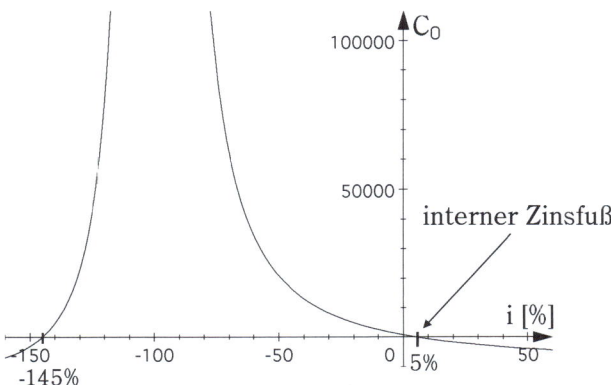

100% des am Anfang investierten Kapitals verliert. Dies ist natürlich nicht möglich. Bei dem betrachteten Beispiel erhält man in den beiden

folgenden Jahren insgesamt mehr zurück, als man am Anfang ausgegeben hat, somit lässt sich folgern, dass die Investition eine positive Rendite haben muss.

Die Investition hat also eine interne Verzinsung von 5%.

## 2.4.4 Eindeutigkeit des internen Zinsfußes

Bei dem zuvor betrachteten Beispiel ergaben sich zwar mehrere Lösungen für die interne Verzinsung, aber nur der eine Zins war größer als -100%. Man kann zeigen, dass bei Normalinvestitionen, und generell bei Investitionen, bei denen es nur einen Vorzeichenwechsel in der Zahlungsreihe gibt, immer eine einzige Lösung für den internen Zins existiert, die größer als -100% ist.[1] Somit gibt es in diesen Fällen also immer einen klar definierten internen Zinsfuß.

> Bei Normalinvestitionen existiert immer ein eindeutig definierter interner Zinsfuß.

Wenn es sich um keine Normalinvestition handelt, so kann die Bestimmung eines internen Zinsfußes in bestimmten Fällen unmöglich sein. Einerseits können Fälle auftreten, bei denen es für die zu lösende Gleichung überhaupt keine Lösung gibt, und andererseits kann es sein, dass es mehrere verschiedene Lösungen gibt, bei denen man nicht sagen kann, welche die ökonomisch richtige Lösung ist. Wenn derartige Probleme auftreten, kann der interne Zinsfuß kein geeignetes Kriterium zur Beurteilung der Vorteilhaftigkeit einer Investition sein. Bei vielen ökonomischen Fragestellungen und insbesondere den allermeisten Klausuraufgaben handelt es sich aber um Normalinvestitionen und es kann somit ein eindeutiger interner Zinsfuß bestimmt werden.

---

1: Vgl. Hax, Herbert (1985): Investitionstheorie, S. 16ff.

# 2.4.5 Lineare Interpolation

Zuvor war gezeigt worden, wie man den internen Zinsfuß bei Investitionen mit einer Laufzeit von einer oder zwei Perioden bestimmen kann. Hierbei wurde die entsprechende Gleichung nach r aufgelöst. Bei mehr als zwei Perioden bereitet die Auflösung der Gleichung aber erhebliche Probleme oder sie ist gar nicht möglich. In diesen Fällen muss man den internen Zinsfuß mit einem Näherungsverfahren ermitteln. Hierzu eignet sich die **lineare Interpolation** oder das **Newton-Verfahren**. Zunächst wird das Verfahren der linearen Interpolation anhand eines Beispiels beschrieben.

Es sei folgende Investition gegeben:

$a_0$ = 40.000, $d_1$ = 16.000, $d_2$ = 12.000, $d_3$ = 24.000

Zunächst muss man einen Zinssatz raten, für den man den Kapitalwert berechnet.[1] Hier sei zunächst ein Zinssatz ($r_1$) von 10% angenommen. Der Kapitalwert zu 10% ergibt sich nun folgendermaßen:

$$C_{01} = -40.000 + \frac{1}{1,1} * 16.000 + \frac{1}{1,1^2} * 12.000 + \frac{1}{1,1^3} * 24.000 = 2.494,37$$

Da sich also bei einem Zinssatz von 10% ein positiver Kapitalwert ergibt, ist die interne Verzinsung der Investition größer als 10%. Daher wählt man nun als zweiten Probezinssatz einen Zins, der höher als 10% ist. Bisweilen wird angeführt, dass der zweite Zinssatz so gewählt werden soll, dass der Kapitalwert bei dem zweiten Zinssatz ein anderes Vorzeichen hat, in diesem Fall also negativ wird. Auf diese Weise „umzingelt" man quasi den richigen Zins mit den beiden Werten. Das Verfahren funktioniert aber auch, wenn sich für beide Probezinssätze positive (oder negative) Kapitalwerte ergeben. Die Näherung wird umso genauer, je dichter man mit dem zweiten (bzw. schon mit dem ersten) gewählten Zinssatz an dem tatsächlichen internen Zinsfuß dranliegt.

In dem betrachteten Beispiel sei nun ein zweiter Zinssatz ($r_2$) von 15% gewählt, so dass sich folgender Kapitalwert ergibt:

$$C_{02} = -40.000 + \frac{1}{1,15} * 16.000 + \frac{1}{1,15^2} * 12.000 + \frac{1}{1,15^3} * 24.000$$

$$= -1.232,84$$

---

1: Man könnte hier auch mit statischen Methoden zunächst einen Näherungswert für den Zins berechnen und diesen dann benutzen, dies ist aber nicht nötig.

In der nachfolgenden Zeichnung sind die beiden Probezinssätze und die zugehörigen Kapitalwerte eingezeichnet:

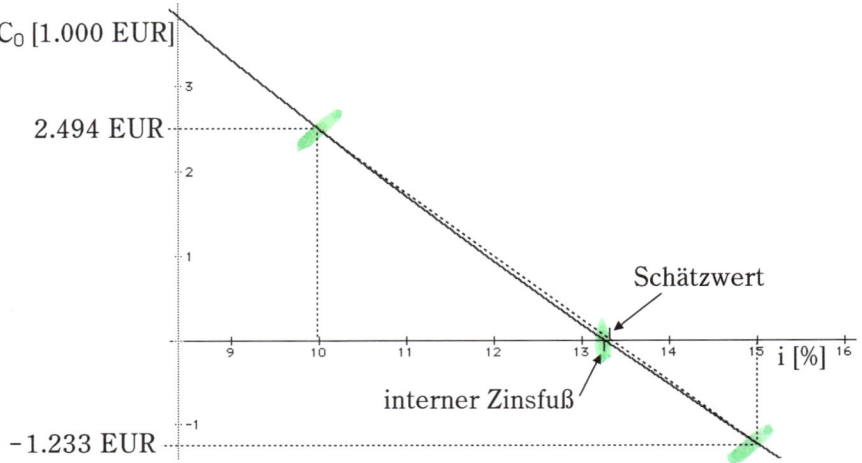

Die Kapitalwertfunktion ist durchgehend gezeichnet. Ihr Schnittpunkt mit der x-Achse stellt den internen Zinsfuß dar. Den Schätzwert der linearen Interpolation erhält man in der Zeichnung, indem man die zu den beiden Probezinssätzen gehörenden Punkte der Kapitalwertfunktion durch eine Gerade verbindet. Diese Gerade ist gestrichelt eingezeichnet worden. Wie man deutlich erkennt, liegt der Schätzwert etwas höher als der richtige Wert.

Formal ergibt sich der neue Schätzwert für r, indem die gefundenen Werte in folgende Formel eingesetzt werden:

$$r = r_1 - \frac{(r_2 - r_1)}{C_{02} - C_{01}} * C_{01}$$

$$\Rightarrow r = 0,1 - \frac{(0,15 - 0,1)}{-1.232,84 - 2.494,37} * 2.494.37$$

$$\Leftrightarrow r = 0,1 + 0,0335 = 0,13346$$

Es ergibt sich also ein Zinssatz von 13,346%. Durch eine weitere Interpolation könnte man nun den Wert noch exakter bestimmen. Man würde dann zunächst für 13,346% ($r_1$) den Kapitalwert ausrechnen. Hierbei ergibt sich ein Kapitalwert von -16,25 ($C_{01}$). Der interne Zins muss also etwas unter 13,346% liegen, so dass man als zweiten Wert nun z. B. 13,2% ($r_2$) einsetzen kann. Hierbei ergibt sich ein Kapitalwert von 11,01 ($C_{02}$). Wenn man nun zwischen diesen beiden Werten wieder interpoliert, ergibt sich:

$$r = 0{,}13346 - \frac{0{,}132 - 0{,}13346}{11{,}01 - (-16{,}25)} * (-16{,}25) = 0{,}13259$$

Gegenüber dem ersten Interpolationsergebnis von 13,346% hat sich mit dem Wert von 13,259% eine recht deutliche Änderung ergeben.

Bei den Interpolationsrechnungen (insbesondere bei der zweiten) muss man besonders auf die Minuszeichen achten.

Man kann die angegebene Formel auch anders schreiben:

$$r = r_1 - \frac{(r_2 - r_1)}{C_{02} - C_{01}} * C_{01} = r_1 - \frac{(r_2 - r_1)}{-(-C_{02} + C_{01})} * C_{01}$$

$$= r_1 + \frac{(r_2 - r_1)}{C_{01} - C_{02}} * C_{01} = r_1 + \frac{C_{01}}{C_{01} - C_{02}} * (r_2 - r_1)$$

Also:

$$r = r_1 + \frac{C_{01}}{C_{01} - C_{02}} * (r_2 - r_1)$$

Auch diese Art der Darstellung für die Interpolationsformel ist gebräuchlich. Es reicht natürlich, wenn man sich eine der Formeln merkt.

Alternativ kann man sich auch das Prinzip der linearen Interpolation merken: Man nimmt die Differenz der beiden gefundenen Zinssätze und teilt diese durch die Differenz der zugehörigen Kapitalwerte. Hierbei erhält man die Zinsdifferenz pro Kapitalwertdifferenz. Durch Multiplikation mit diesem Faktor kann der Kapitalwert (hier $C_{01}$) gewissermaßen in eine Zinsabweichung umgerechnet werden. Um diese Zinsabweichung wird der Zinssatz $r_1$ dann korrigiert.

## 2.4.6 Newton-Verfahren

Im Allgemeinen konvergiert das Newton-Verfahren schneller als die lineare Interpolation. Bei dem Newton-Verfahren wird die Nullstelle über die Tangente an die Kapitalwertfunktion bestimmt.[1] Den nächsten Schätzwert für den Zinssatz erhält man mittels der folgenden Rekursionsformel:

$$r_{n+1} = r_n - \frac{C_0(r_n)}{C_0'(r_n)}$$

Es sei nochmals das Beispiel aus dem vorherigen Kapitel betrachtet, die Kapitalwertfunktion lautet:

$$C_0(r) = -40.000 + \frac{1}{(1+r)} 16.000 + \frac{1}{(1+r)^2} 12.000 + \frac{1}{(1+r)^3} 24.000$$

$$= -40.000 + 16.000(1+r)^{-1} + 12.000(1+r)^{-2} + 24.000(1+r)^{-3}$$

andere Schreiben

$$\frac{1}{(r+1)} = (r+1)^{-}$$

Für die Ableitung der Funktion ergibt sich:

$$C_0'(r) = -16.000(1+r)^{-2} - 24.000(1+r)^{-3} - 72.000(1+r)^{-4}$$

Ausgangspunkt sei auch in diesem Fall ein Schätzwert von 10% für den Zinssatz, es gilt also:

$$r_0 = 0,1$$

Der zugehörige Wert der Kapitalwertfunktion war bereits zuvor berechnet worden:

$$C_0(0,1) = 2.494,37$$

Für die Ableitung der Kapitalwertfunktion ergibt sich:

$$C_0'(0,1) = -16.000(1,1)^{-2} - 24.000(1,1)^{-3} - 72.000(1,1)^{-4} = -80.431,66$$

---

1: Für weitere Details zum Newton-Verfahren siehe Dörsam, Peter (2003): Mathematik anschaulich dargestellt, S. 233ff.

Mit den ermittelten Werten kann nun über die Rekursionsformel ein erster Näherungswert für den internen Zins ermittelt werden:

$$r_1 = r_0 - \frac{2.494,37}{-80.431,66} = 0,131012$$

(handschriftlich: $0,1$)

Auf der Basis des gefundenen Wertes kann nun der nächste Schätzwert ($r_2$) bestimmt werden:

(handschriftlich: *2 in Formel einsetzen*)

$$C_0(0,131012) = 116,1676$$

$$C_0'(0,131012) = -73.097,63$$

Mittels der Rekursionsformel ergibt sich:

$$r_2 = 0,131012 - \frac{116,1676}{-73.097,63} = 0,13260121$$

Die bisherigen Werte wurden mit dem Taschenrechner bestimmt, die Genauigkeit des Taschenrechners reicht für weitere Schritte nicht aus, denn dieser verwertet bei den Zwischenrechnungen nicht genügend Nachkommastellen. Für $r_3$ würde sich wieder der zuvor bestimmte Wert von 0,13260121 ergeben, obwohl dieser noch nicht exakt stimmt. Die Berechnung mit einer Tabellenkalkulation (hier werden deutlich mehr Stellen berechnet) ergibt folgende Werte:

$$r_1 = 0,13101222826$$

$$r_2 = 0,13260121272$$

$$r_3 = 0,13260505244$$

$$r_4 = 0,13260505246$$

An den Werten lässt sich erkennen, wie schnell das Newton-Verfahren konvergiert. Bereits der dritte Näherungswert ist in diesem Fall bei der Berechnung mit der Tabellenkalkulation bis auf die 10. Nachkommastelle genau! Bei der Berechnung mit dem Taschenrechner stimmte immerhin nach der 2. Näherung bereits die 5. Nachkommastelle, für Fragestellungen zum internen Zins erscheint diese Genauigkeit allemal ausreichend zu sein.

Schließlich sei noch ein Vergleich zwischen den Ergebnissen des Newton-Verfahrens (Taschenrechner) und der linearen Interpolation angeführt:

|  | Newton-Verfahren | lineare Interpolation |
|---|---|---|
| Ausgangswert | $r_0 = 0,1$ | $r = 0,1$ und $r = 0,15$ |
| 1. Schätzwert | 0,131012  (1,201%) | 0,13346  (0,6447%) |
| 2. Schätzwert | 0,13260121  (0,0029%) | 0,13259  (0,0114%) |

In den Klammern ist die Abweichung zu dem exakten Wert angegeben. Natürlich handelt es sich hier nur um ein Beispiel, aber insbesondere die Ergebnisse des Newton-Verfahrens mittels einer Tabellenkalkulation (bereits in der 3. Näherung auf 10. Nachkommastellen genau) sind beeindruckend und demonstrieren die Vorteilhaftigkeit des Newton-Verfahrens.

## 2.4.7 Interner Zinsfuß bei uniformen Zahlungsreihen

Wenn es sich um uniforme Zahlungsreihen handelt, so kann man sich die Arbeit erleichtern. Bei einer uniformen Zahlungsreihe gilt:

$$C_0 = -a_0 + \frac{(1+i)^n - 1}{i*(1+i)^n} * d$$

Für die Berechnung des internen Zinsfußes muss $C_0$ gleich Null gesetzt werden, außerdem schreibt man nun natürlich r statt i in der Formel:

$$0 = -a_0 + \frac{(1+r)^n - 1}{r*(1+r)^n} * d$$

Diese Formel kann nun umgeformt werden (zuerst wird $a_0$ auf die andere Seite gebracht und dann durch d geteilt):

$$\Leftrightarrow a_0 = \frac{(1+r)^n - 1}{r*(1+r)^n} * d$$

$$\Leftrightarrow \frac{a_0}{d} = \frac{(1+r)^n - 1}{r*(1+r)^n}$$

Die rechte Seite der Gleichung ist gerade der Abzinsungs-Summen-Faktor, so dass auch Folgendes geschrieben werden kann:

$$\Leftrightarrow \frac{a_0}{d} = ASF^n_{r=?}$$

Man muss also lediglich $\frac{a_0}{d}$ berechnen und dann in der Tabelle für den Abzinsungs-Summen-Faktor in der Zeile für n Jahre nach dem entsprechenden Wert suchen. In der Regel wird man allerdings nur zwei Zinssätze feststellen können, zwischen denen der richtige Zinssatz liegt, denn es wäre ein Zufall, wenn der Wert für $a_0$/d exakt einem bestimmten ASF entspricht. Zwischen den beiden gefundenen Zinssätzen muss man dann wieder interpolieren. Hierzu kann man natürlich mit den ASF die zugehörigen Kapitalwerte berechnen und diese dann nach der zuvor angeführten Formel interpolieren.

Es kann aber auch direkt mittels der ASF interpoliert werden, der neue Schätzwert für r ergibt sich dann folgendermaßen:

$$r = r_1 + \frac{ASF^n_{r_1} - \frac{a_0}{d}}{ASF^n_{r_1} - ASF^n_{r_2}} * 0{,}01$$

Nachfolgend soll für das Farbkopierer-Beispiel des vorherigen Abschnitts die interne Verzinsung ermittelt werden. Es waren folgende Daten gegeben (Beispiel ohne Liquidationserlös):

$$a_0 = 25.000 \qquad n = 5 \qquad d = 6.000$$

Für $\dfrac{a_0}{d}$ ergibt sich somit $\dfrac{25.000}{6.000} = 4{,}17$.

In der Tabelle für den ASF wird nun in der Zeile für 5 Jahre der Wert 4,17 gesucht, hierbei stellt man fest, dass dieser zwischen 4,212 (bei $i = 0{,}06$) und 4,1 (bei $i = 0{,}07$) liegen muss.

Somit gilt:    $r_1 = 0{,}06 \quad ASF^n_{r_1} = 4{,}212 \qquad r_2 = 0{,}07 \quad ASF^n_{r_2} = 4{,}1$

$$\Rightarrow r = 0{,}06 + \frac{4{,}212 - 4{,}17}{4{,}212 - 4{,}1} * 0{,}01 = 0{,}0638 \quad (6{,}38\%)$$

## 2.4.8  Rendite einer Anleihe

Auch für Finanzinvestitionen kann der interne Zins berechnet werden, dieser interne Zins stellt die Rendite der Investition dar. Für eine Anleihe wird das Vorgehen nachfolgend beschrieben:

Es sei eine Anleihe mit einer Restlaufzeit von 8 Jahren, einem Rückzahlungskurs von 100 EUR und einem Nominalzins von 10% betrachtet. Der aktuelle Kurs der Anleihe betrage 92 EUR.

Für die Anleihe entspricht $a_0$ dem Kurs, die Einnahmeüberschüsse (d) sind die jährlichen Zinszahlungen, und der Liquidationserlös entspricht der Rückzahlung. Somit ergibt sich für den Kapitalwert der Anleihe:

$$C_0 = -\text{Kurs} + ASF^n_i * \text{Zinszahlungen} + \frac{1}{(1+i)^n} * \text{Rückzahlungskurs}$$

Aus der Formel für den Kapitalwert kann nun der interne Zins mittels linearer Interpolation oder des Newton-Verfahrens ermittelt werden. Für das Beispiel ergibt sich eine Rendite von 11,59%.

# 2.5 Annuitätenmethode

In Abschnitt 2.1.3 sind Annuitäten bereits behandelt worden. Bei Annuitäten handelt es sich um konstante jährliche Raten während der Laufzeit der Investition.

Wenn man den Kapitalwert einer Investition mittels des Kapitalwiedergewinnungs–Faktors auf die Laufzeit der Investition umrechnet, so erhält man die **Gewinnannuität** der Investition. Hierbei handelt es sich um den Betrag, den die Investition jährlich über den Kalkulationszinsfuß hinaus erwirtschaftet (bei negativen Gewinnannuitäten erwirtschaftet die Investition jährlich den Betrag der Gewinnannuität weniger. als eine Anlage zum Kalkulationszinsfuß erbringen würde).

Aus dem bisher Dargelegten dürfte schon klar geworden sein, dass die Annuitätenmethode bezüglich der Vorteilhaftigkeit einer Investition keine Erkenntnisse erbringt, die über die Informationen des Kapitalwertes hinausgehen. Besonders wichtig ist die Annuitätenmethode aber im Zusammenhang mit dem Ersatzproblem.

Es sei nun für das zuvor bei der Kapitalwertberechnung betrachtete Beispiel die Gewinnannuität berechnet:

$$a_0 = -10.000, i = 10\%$$

$$d_1 = 1.000, d_2 = 3.000, d_3 = 3.000, d_4 = 4.100, d_5 = 3.900$$

Der Kapitalwert war zuvor schon berechnet worden. Für diesen hatte sich ergeben:

$$C_0 = 864$$

Die Gewinnannuität (D) erhält man nun, indem man diesen Kapitalwert mit dem Kapitalwiedergewinnungs–Faktor multipliziert:

$$D = C_0 * KWF_i^n \qquad \text{oder auch } D = C_0 * \frac{i*(1+i)^n}{(1+i)^n - 1}$$

Für n muss nun die Laufzeit der Investition und für i der Kalkulationszinsfuß eingesetzt werden[1]:

$$D = 864 * KWF_{0,1}^5 = 864 * 0,264 = 228,1$$

Der jährliche Gewinn der Investition beträgt also 228,10 EUR.

---

1: Natürlich könnte hier auch mit der Formel gerechnet werden.

Wenn in der Zukunft **konstante Einnahmeüberschüsse** bestehen, so entsprechen die jährlichen Überschüsse gerade der Überschussannuität. Wenn man für die Überschüsse den Kapitalwert errechnet und diesen dann wieder mittels des Kapital-Wiedergewinnungs-Faktors auf die Jahre umrechnet, so ergibt sich natürlich der jährliche Einnahmeüberschuss als Ergebnis. Wenn man in einem derartigen Fall die Gewinnannuität ermitteln will, so reicht es aus, die Anschaffungsausgabe ($a_0$) auf die Jahre umzurechnen und diese dann von dem jährlichen Überschuss abzuziehen. Somit ergibt sich die Gewinnannuität folgendermaßen:

$$D = C_0 * KWF_i^n = (-a_0 + ASF_i^n * d) * KWF_i^n$$

$$= -a_0 * KWF_i^n + ASF_i^n * d * KWF_i^n$$

$ASF_i^n * KWF_i^n$ ergibt 1, denn der KWF ist der Kehrwert des ASF.

$$= -a_0 * KWF_i^n + d \quad \text{bzw.} \quad D = -a_0 * \frac{i*(1+i)^n}{(1+i)^n - 1} + d$$

Den Ausdruck $a_0 * KWF_i^n$ nennt man auch **Kapitaldienst (KD)**, denn er stellt die jährlichen Kosten für das investierte Kapital (Abschreibung zuzüglich Verzinsung des gebundenen Kapitals) dar.

Somit gilt bei konstanten Einnahmeüberschüssen:

$$D = d - KD = d - a_0 * KWF_i^n$$

Für das Beispiel des bei der Kapitalwertberechnung schon betrachteten Farbkopierers (ohne Restwert) sei nachfolgend die Gewinnannuität berechnet:

$$a_0 = 25.000 \qquad n = 5$$
$$d = 6.000 \qquad i = 0,09$$

Also ergibt sich:

$$D = 6.000 - 25.000 * KWF_{0,09}^5 = 6.000 - 25.000 * 0,257$$

$$\Rightarrow D = -425$$

Die Investition erbringt also jährlich 425,- EUR weniger, als bei dem Kalkulationszinsfuß erwirtschaftet würde. Oder anders ausgedrückt: Die jährlichen Überschüsse sind um 425,- EUR geringer als der Kapitaldienst.

Statt der zuvor durchgeführten Betrachtung der Gewinnannuitäten können bisweilen auch **Kostenannuitäten** betrachtet werden. Diese machen beim Wahl- und Ersatzproblem häufig Sinn, wenn die zu vergleichenden Anlagen die gleichen Einnahmen erwirtschaften, weil etwa auf beiden Anlagen das gleiche Produkt in der gleichen Menge produziert wird. In diesen Fällen hat die Anlage mit der niedrigeren Kostenannuität natürlich die höhere Gewinnannuität und ist somit vorteilhaft. Zur Berechnung der Kostenannuität muss man den Barwert aller Kosten, die mit der Investition verbunden sind, berechnen und diesen Barwert dann mit dem entsprechenden Kapital–Wiedergewinnungs–Faktor multiplizieren.

# 2.6 Amortisationsrechnung

Bei der Amortisationsrechnung wird die Zeit berechnet, nach der sich die Investition amortisiert (in diesem Zusammenhang: gelohnt) hat. Die Frage ist also, nach wieviel Jahren die Investition das investierte Kapital wieder erwirtschaftet hat.

## 2.6.1 Statische Amortisationsrechnung

Bei der statischen Amortisationsrechnung werden die Zinsen total vernachlässigt und es wird einfach überprüft, nach welcher Zeit die Summe der Einnahmeüberschüsse der Anschaffungsausgabe entspricht. Es sei folgende Investition betrachtet:

$a_0 = -10.000, d_1 = 4.000, d_2 = 2.000, d_3 = 4.000, d_4 = 5.000, d_5 = 2.000$

Man addiert nun einfach die Einnahmeüberschüsse und überprüft dabei, wann man die Höhe von $a_0$ erreicht:

| Jahr (j) | dj | dj kumuliert (aufaddiert) |
|----------|-------|---------------------------|
| 1 | 4.000 | 4.000 |
| 2 | 2.000 | 6.000 |
| 3 | 4.000 | $10.000 = a_0$ |

Die statische Amortisationszeit beträgt also 3 Jahre. Mit einer derartigen Aussage ist natürlich noch nichts über die Vorteilhaftigkeit der Investition gesagt, denn es wurden keine Zinsen berücksichtigt. Die Amortisation nach 3 Jahren hätte sich z.B. auch ergeben, wenn die Überschussreihe nach $d_3$ abrechnen würde, $d_4$ und $d_5$ also gar nicht existieren würden. In diesem Fall würde die Investition darauf hinauslaufen, dass man 10.000,- EUR weggibt und diese unverzinst mit einer gewissen Verzögerung zurückerhält. Für eine derartige Investition würde sich bei jedem (positiven) Kalkulationszinsfuß ein negativer Kapitalwert ergeben.

Einen Sinn macht die statische Amortisationsrechnung lediglich bezüglich der Risikoabschätzung, denn in der Regel sind die Schätzungen für die $d_j$ umso unsicherer, je stärker sie sich in die Zukunft erstrecken. Sollten etwa zwei Investitionen fast den gleichen positiven Kapitalwert haben, so kann man sich mittels der statischen Investitionsrechnung diejenige heraussuchen, bei der das Geld „schneller zurückfließt", die also ein geringeres Risiko beinhaltet.

## 2.6.2  Dynamische Amortisationsrechnung

Bei der dynamischen Amortisationsrechnung werden die Zinsen berücksichtigt. Hierbei werden die abgezinsten Zahlungsüberschüsse kumuliert (zusammengezählt) und mit $a_0$ verglichen. Eine Investition, die sich nach der dynamischen Amortisationsrechnung amortisiert, ist natürlich auch nach der Kapitalwertmethode vorteilhaft, denn ihre abgezinsten Einnahmeüberschüsse entsprechen zumindest der Anschaffungsausgabe, so dass der Kapitalwert nicht negativ sein kann.[1] Für die zuvor betrachtete Investition ergibt sich bei der dynamischen Amortisationsrechnung und einem Kalkulationszinsfuß von 10% Folgendes:

---

1: Dies gilt allerdings nur, wenn in der weiteren Zukunft nur positive $d_j$, also Einnahmeüberschüsse, vorhanden sind. Z.B. könnte ein negativer Liquidationserlös (Entsorgungskosten) am Ende der Laufzeit vorhanden sein (z. B. bei einem Kernkraftwerk).

| Jahr (t) | abgezinste Einnahmeüberschüsse $\frac{1}{1,1^t} * d_t$ | kumuliert |
|---|---|---|
| 1 | 3.636 $\quad 4000 : 1,1^1 = 3636$ | 3.636 |
| 2 | 1.653 $\quad 2000 : 1,1^2 = 1653$ | 5.289 |
| 3 | 3.005 $\quad 4000 : 1,1^3 = 3005$ | 8.294 |
| 4 | 3.415 | 11.709 |

(handwritten annotation in header column: $\frac{1}{(1+i)^n} \cdot d_n$)

Die Amortisationszeit liegt also zwischen 3 und 4 Jahren. Einen guten Schätzwert für die Amortisationszeit ($t_{AZ}$) erhält man wieder mittels linearer Interpolation:

$$t_{AZ} = 3 + \frac{10.000 - 8.294}{3.415} = 3,5$$

Als Formel für die lineare Interpolation ergibt sich:

$$t_{AZ} = k - 1 + \frac{a_0 - \sum_{t=1}^{k-1} \frac{1}{(1+i)^t} * d_t}{\frac{1}{(1+i)^k} * d_k}$$

k steht in der Fomel für die Anzahl an Jahren, nach der die abgezinste Summe der Einnahmeüberschüsse den Wert $a_0$ erstmals überschritten hat. In dem Beispiel hatte k also einen Wert von 4.

Wenn es sich um uniforme Zahlungsströme handelt, kann bei der dynamischen Amortisationsrechnung (wie in diesem Fall auch bei der Methode des internen Zinsfußes) mit dem Abzinsungssummenfaktor gearbeitet werden. Es gilt in diesem Fall:

$$\Leftrightarrow \frac{a_0}{d} = ASF_i^{t_{AZ} = ?}$$

In der Tabelle muss nun der entsprechende ASF in der Spalte des gegebenen Zinssatzes gesucht werden. Da der Wert in aller Regel zwischen zwei Werten für n liegt, muss dann anschließend auch wieder interpoliert werden, um einen exakten Wert für n zu erhalten.

# 3 Problemstellungen der Investitionsrechnung

## 3.1 Vorteilhaftigkeit

Bei den zuvor betrachteten Verfahren der Investitionsrechnung wurde schon auf die Überprüfung einer Investition auf Vorteilhaftigkeit mit den jeweiligen Verfahren eingegangen. Es wurde gezeigt, dass hierfür sowohl die Kapitalwert- und Annuitätenmethode als auch die Methode des internen Zinsfußes geeignet sind und sie auch alle die gleichen Entscheidungen liefern. Am einfachsten ist hierbei in der Regel die Kapitalwertmethode anzuwenden.

Die Entscheidungskriterien für eine vorteilhafte Investition lauten jeweils:

Kapitalwertmethode: $C_0 \geq 0$

Methode des internen Zinsfußes: $r \geq i$

Annuitätenmethode: $D \geq 0$

Alle drei Verfahren kommen bezüglich der Vorteilhaftigkeit zum gleichen Ergebnis.

## 3.2 Wahlproblem

Beim Wahlproblem werden zwei (oder auch mehr) Investitionsalternativen miteinander verglichen. Hierbei geht es darum, die günstigere der Alternativen herauszufinden.

Auch hier können alle 3 Methoden verwendet werden, aber sie liefern beim Wahlproblem nicht immer die gleiche Entscheidung.

Die Entscheidung fällt bei den Methoden jeweils zugunsten einer Investition A aus, wenn Folgendes gilt:

Kapitalwertmethode: $C_{0A} \geq C_{0B}$

Methode des internen Zinsfußes: $r_A \geq r_B$

Annuitätenmethode: $D_A \geq D_B$

Damit die günstigere der beiden Investitionen tatsächlich ausgeführt wird, muss natürlich zusätzlich die Vorteilhaftigkeit ($C_{0A} \geq 0$, bzw. $r_A \geq i$, bzw. $D_A \geq 0$) gegeben sein.

Anhand eines Beispieles sollen die verschiedenen Verfahren nachfolgend betrachtet werden.

*Ein Investor hat zwei Investitionen zu vergleichen*[1]:

A: $-35.000_0 + 10.000_1 + 10.000_2 + 10.000_3 + 10.00C_4 + 10.000_5$

B: $-35.000_0 + 21.000_1 + 22.000_2$

Der Kalkulationszinsfuß beträgt i = 0,1

In der nachfolgenden Tabelle sind für die Investitionen jeweils der Kapitalwert, der interne Zinsfuß und die Gewinnannuität angegeben:

|   | Kapitalwert $C_0$ | interner Zinsfuß r | Gewinnannuität D |
|---|---|---|---|
| A | 2.907,87 | 0,132 | 767,09 |
| B | 2.272,73 | 0,1477 | 1.309,52 |

Die Situation stellt sich also folgendermaßen dar:

Nach der Kapitalwertmethode ist die Investition A vorteilhaft, während nach der Annuitätenmethode und der Methode des internen Zinsfußes die Investition B günstiger ist. Wie kommt es zu diesem Unterschied?

Wenn man die beiden Investitionen betrachtet, so stellt man fest, dass zwar bei beiden Investitionen dieselbe Summe investiert wird, sie aber eine unterschiedliche Laufzeit haben. Investition A läuft über 5 Jahre, der Kapitalwert für die Investition A stellt somit den von dieser Investition in 5 Jahren erwirtschafteten Überschuss dar. Die Investition B läuft hingegen nur über 2 Jahre, so dass hier der gesamte Kapitalwert in 2 Jahren erwirtschaftet wird. Somit wird verständlich, dass die Investition B, obwohl sie jährlich einen höheren Gewinn erbringt (dies korrespondiert in diesem Fall mit dem höheren internen Zinsfuß), einen niedrigeren Kapitalwert hat.

Einen derartigen Unterschied bezüglich der Laufzeiten von Investitionen nennt man **Längendiskrepanz.** Wie soll man sich nun entscheiden, wenn die verschiedenen Methoden beim Vorliegen von Längendiskrepanz zu verschiedenen Ergebnissen führen?

Die entscheidende Frage hierbei ist, was man nach Ablauf der Investition B für eine **Ersatzinvestition** tätigen kann. Wenn man nach Ablauf der 2 Jahre wieder eine Investition mit derselben Ertragskraft tätigen kann, so

---

1: Bei der angegebenen Schreibweise bedeutet $-35.000_0$: $a_0 = 35.000$,
   $+ 10.000_1$: $d_1 = 10.000$ usw.

könnte man auch in den folgenden Jahren einen entsprechenden Einnahmeüberschuss (hier jährlich 1.309,52) erzielen. Wenn man diese möglichen Folgeinvestitionen bei der Kapitalwertbildung für Investition B für
5 Jahre (die Laufzeit von Investition A) mit berücksichtigen würde, so
wäre der Kapitalwert von Investition B höher als der von A.

Bei der Kapitalwertbildung bleiben die möglichen Erträge von Ergänzungsinvestitionen aber unberücksichtigt. Es wird sozusagen davon ausgegangen, dass nach Ablauf der Investition nur noch eine Anlage zum
Kalkulationszinsfuß möglich ist. Bei der Methode des internen Zinsfußes
und der Annuitätenmethode wird hingegen unterstellt, dass man nach
Ablauf der Investition dieselbe Investition oder eine andere Investition
mit derselben Rendite durchführen kann.

Die zu wählende Methode hängt also davon ab, wie man die Situation bezüglich der Folgeinvestitionen einschätzt.

Nachfolgend seien zwei Investitionen mit gleicher Laufzeit betrachtet, in
diesem Fall liegt also keine Längendiskrepanz vor:

A: $-30.000_0 + 10.000_1 + 10.000_2 + 10.000_3 + 10.000_4$

B: $-11.000_0 + 4.000_1 + 4.000_2 + 4.000_3 + 4.000_4$

Der Kalkulationszinsfuß beträgt i = 0,1

In diesem Fall ergeben sich folgende Werte:

|   | Kapitalwert $C_0$ | interner Zinsfuß r | Gewinnannuität D |
|---|---|---|---|
| A | 1.698,65 | 0,126 | 535,87 |
| B | 1.679,46 | 0,173 | 529,82 |

In diesem Fall ist nach der Kapitalwert- und Annuitätenmethode die Investition A besser, während die Investition B einen deutlich höheren internen Zinsfuß hat. Wenn man die Investitionen betrachtet, so stellt man
fest, dass sie zwar die gleiche Laufzeit haben, bei Investition A aber ein
viel höherer Betrag investiert wird. Würde man zu dem internen Zinssatz
von Investition B (17,3%) ebenfalls 30.000,- EUR anlegen können, so
würde die Investition B einen deutlich höheren Kapitalwert und höhere
Gewinnannuitäten als Investition A einbringen. Bei der Kapitalwert-
und der Annuitätenmethode wird aber unterstellt, dass alle weiteren
Mittel nur in Höhe des Kalkulationszinsfußes angelegt werden können.

Der zuvor beschriebe Unterschied wird als **Breitendiskrepanz** bezeichnet. Diese liegt vor, wenn, wie in dem betrachteten Fall, verschieden hohe Investitionen gegeben sind oder/und die Rückflüsse sich unterschiedlich auf die Zukunft verteilen. Auch bei den folgenden Investitionen besteht somit Breitendiskrepanz:

A: $-10.000_0 + 1.000_1 + 2.000_2 + 11.000_3$

B: $-10.000_0 + 10.000_1 + 1.000_2 + 1.000_3$

i = 0,09

Für diese ergibt sich:

|   | Kapitalwert $C_0$ | interner Zinsfuß r | Gewinnannuität D |
|---|---|---|---|
| A | 1.094,81 | 0,1332 | 432,51 |
| B | 788,18 | 0,1604 | 311,37 |

Investition A hat den höheren Kapitalwert, die höhere Gewinnannuität, aber den niedrigeren internen Zinsfuß.

Auch bei der Breitendiskrepanz stellt sich die Frage nach den Konditionen für spätere Investitionen. Hier geht es aber nicht um die Ersatzinvestitionen, sondern um die Möglichkeiten, die Rückflüsse (auch das bei einer Investition nicht benötigte Kapital) der Investition zu investieren. Können diese nur zum Kalkulationszinsfuß angelegt werden, so liefern Kapitalwert- und Annuitätenmethode das richtige Ergebnis. Können die Rückflüsse hingegen zum Zinssatz der internen Verzinsung der Investition wieder angelegt werden, so liefert die Methode des internen Zinsfußes das richtige Ergebnis.

Insgesamt kann man also festhalten, dass bei der Kapitalwertmethode für alle weiteren Anlagen der Kalkulationszinsfuß unterstellt wird. Bei der Annuitätenmethode wird nur für die Ergänzungsinvestitionen der Kalkulationszinsfuß angesetzt, während bei den Ersatzinvestitionen der interne Zinsfuß angesetzt wird. Bei der Methode des internen Zinsfußes wird für alle Ersatz- und Ergänzungsinvestitionen der interne Zinsfuß unterstellt.

Die zuvor dargestellten Beispiele waren bewusst so gewählt, dass die verschiedenen Verfahren verschiedene Ergebnisse liefern. Es ist natürlich auch möglich, dass Längen- und/oder Breitendiskrepanz vorliegt und alle Verfahren zu derselben Entscheidung führen.

Wenn zwei Investitionen funktionsgleich sind, also dasselbe Produkt erzeugen und daher auch dieselben Erlöse erwirtschaften, so reicht es aus, die Kosten der Investitionen zu vergleichen. Die gängige Methode ist der Vergleich der **Kostenannuitäten**, es ist aber auch möglich, den Barwert der Kosten zu berechnen und diesen zu vergleichen. Bezüglich der Ergänzungsinvestitionen gilt hier jeweils das zuvor für die Annuitäten- bzw. Kapitalwertmethode Angeführte.

Wenn die Anlagen am Ende ihrer Nutzung noch einen Liquidationserlös (L) erbringen, so muss dieser natürlich entsprechend berücksichtigt werden.

$$C_0 = -a_0 + \sum_{t=1}^{n} \frac{1}{(1+i)^t} * d_t + \frac{1}{(1+i)^n} * L$$

Bei uniformen Einnahmeüberschüssen gilt entsprechend:

$$C_0 = -a_0 + ASF_i^n * d + \frac{1}{(1+i)^n} * L$$

Mittels des so gegebenen Kapitalwertes können dann die entsprechenden Gewinnannuitäten und der interne Zinsfuß der Investition errechnet werden.

# 3.3 Ersatzproblem

Bei dem Ersatzproblem lautet die Fragestellung, ob bzw. wann eine vorhandene Anlage durch eine neue ersetzt werden soll.

Für diese Fragestellung eignet sich oft nur die Annuitätenmethode. Zunächst sei folgendes Beispiel betrachtet:

Eine Anlage A wurde vor drei Jahren für EUR 1 Mio erworben. Ihre Restlaufzeit beträgt zwei Jahre. Bei einem Datenvergleich mit einer neuen funktionsgleichen Anlage N zeigt sich, dass die Altanlage mit variablen Stückkosten von $k_{VA}$ = EUR 300 erheblich unwirtschaftlicher arbeitet als N mit $k_{VA}$ = EUR 150. Es ist von einer durchschnittlichen Fertigungsmenge von 1.000 ME pro Jahr auszugehen. Ein Interessent wäre bereit, heute (Kalkulationszeitpunkt) EUR 200.000 für die alte Anlage zu zahlen. Wenn die Anlage hingegen noch 2 Jahre genutzt würde, hätte sie keinen Restwert mehr. Die neue Anlage würde EUR 1,2 Mio kosten und eine Nutzungsdauer von 5 Jahren haben. Kalkulationszinsfuß: 8%

Zunächst ist im Rahmen dieser Aufgabe wichtig, dass die Anlagen funktionsgleich sind. Dies bedeutet, dass sie die gleichen Einnahmen erbringen und es daher ausreicht, die Kostenannuitäten der Anlagen zu vergleichen.[1]

Für das Ersatzproblem ist weiterhin von großer Bedeutung, dass die Anschaffungsausgaben für die alte Anlage keinerlei Relevanz haben. Die entsprechende Ausgabe ist in der Vergangenheit getätigt worden und kann nicht mehr rückgängig gemacht werden. Man spricht in diesem Zusammenhang auch von **sunk costs** (untergegangene Kosten). Für Entscheidungen zum aktuellen Zeitpunkt hat nur der aktuelle Wert der alten Anlage eine Bedeutung, also der Betrag, den man durch einen Verkauf der Anlage erzielen könnte. In dem Beispiel sind dies die 200.000,– EUR.

Menschen neigen häufig dazu, sich mit den sunk costs nicht abzufinden. Jeder, der sich schon einmal einen PC gekauft und nach relativ kurzer Zeit überlegt hat, den gebrauchten PC zu verkaufen, um sich etwa einen den gewachsenen Anforderungen genügenden PC zu kaufen, kann dies sicherlich nachvollziehen. Obwohl es für die aktuelle Entscheidung völlig gleichgültig ist, wie viel man früher einmal für den PC bezahlt hat, können sich in einer derartigen Situation nur wenige hiervon unabhängig entscheiden.

Nun könnte man weiterhin dazu neigen, die 200.000,– EUR für die alte Anlage mit dem Kaufpreis der neuen Anlage zu verrechnen, denn wenn man die neue Anlage kauft, kann man die alte verkaufen und muss entsprechend lediglich den über den Verkaufspreis hinausgehenden Betrag zusätzlich investieren. Diese Überlegung ist aber falsch und führt im Allgemeinen auch zu falschen Ergebnissen.

Die 200.000 EUR sind die Kosten, die einem durch die weitere Nutzung der alten Anlage entstehen. Man muss für die weitere Nutzung zwar nichts bezahlen, aber es entgeht einem der Verkaufserlös von 200.000,– EUR. Derartige Kosten nennt man **Opportunitätskosten**. Diese Opportunitätskosten müssen der alten Anlage als Kosten zugeordnet werden. Da hier Annuitäten für die Betrachtung herangezogen werden, muss somit die Kostenannuität dieser Opportunitätskosten bei der alten Anlage berücksichtigt werden.

---

1: Bei Klausuren hilft in diesem Rahmen häufig, sich einfach anhand der gegebenen Daten zu orientieren. Wenn keinerlei Daten über die Erlöse der Anlagen gegeben sind, sondern nur die Kosten der Anlagen betreffende Daten, so ist es naheliegend, dass die Anlagen funktionsgleich sein sollen, selbst wenn dies nicht extra angegeben ist.

Für die jährlichen Kostenannuitäten ergibt sich somit:

$$k_{VA} * N + KWF_i^{n_A} * L_A \gtreqless k_{VN} * N + KWF_i^{n_N} * a_{0N}$$

| jährliche variable Kosten | Kostenannuität der Opportunitätskosten | jährliche variable Kosten | Kapitaldienst der neuen Anlage N |

$n_A$: Restlaufzeit der alten Anlage

$n_N$: Laufzeit der neuen Anlage

$L_A$: Opportunitätskosten der weiteren Nutzung der alten Anlage, diese Kosten entsprechen dem aktuellen Liquidationserlös bei Verkauf der alten Anlage.

N:   jährliche Produktionsmenge

Wenn die Anlagen auch jährliche Fixkosten beinhalten, so müssen diese bei der jeweiligen Anlage entsprechend berücksichtigt werden. Falls sich bei den Anlagen am Ende der Nutzung noch ein Liquidationserlös ergibt, so muss zunächst der Barwert dieses Liquidationserlöses errechnet werden. Von der sich ergebenden Größe wird dann durch Multiplikation mit dem entsprechenden KWF die Annuität ermittelt. Da der zusätzliche Liquidationserlös die Kosten der entsprechenden Anlage reduziert, muss die errechnete Annuität bei der zugehörigen Anlage abgezogen werden.

# 3.4   Optimale Nutzungsdauer einer Investition

## 3.4.1  Einmalige Investitionen

Wenn man davon ausgeht, dass es sich um eine einmalige Investition handelt und alle Ersatzinvestitionen lediglich zum Kalkulationszinsfuß durchgeführt werden können, so sollte man die Investition so lange nutzen, wie ihre **zeitliche Grenzrendite** höher als der Kalkulationszinsfuß ist. Da jede Verzinsung, die oberhalb des Kalkulationszinsfußes liegt, den Kapitalwert erhöht und jede niedrigere Verzinsung den Kapitalwert verringert, kann man statt der Grenzrendite auch die Kapitalwerte für die verschiedenen Nutzungsdauern vergleichen. Optimal ist die Nutzungsdauer mit dem höchsten Kapitalwert.

In der Regel wird sich je nach der betrachteten Nutzungszeit der Anlage ein unterschiedlicher Liquidationserlös ($L_n$) ergeben. Je länger man die Anlage nutzt, desto niedriger wird der Liquidationserlös sein. Unter Berücksichtigung des Liquidationserlöses ergibt sich für den Kapitalwert der Anlage in Abhängigkeit von der Nutzungsdauer n:

$$C_{0n} = -a_0 + \sum_{t=1}^{n} \frac{1}{(1+i)^t} * d_t + \frac{1}{(1+i)^n} * L_n$$

Bei uniformen Einnahmeüberschüssen d kann man auch wieder Folgendes schreiben:

$$C_{0n} = -a_0 + ASF_i^n * d + \frac{1}{(1+i)^n} * L_n$$

Die optimale Nutzungsdauer ist nun diejenige, bei der der angeführte Kapitalwert maximal wird. Man kann also zunächst für alle möglichen Nutzungsdauern n den Kapitalwert berechnen. Das n, für das der Kapitalwert maximal wird, ist die optimale Nutzungsdauer. Nachfolgend wird das Verfahren an einem Beispiel erläutert.

Es sei für die Investition mit den folgenden jährlichen Einnahmeüberschüssen $d_i$ und Liquidationserlösen $L_i$ die optimale Nutzungsdauer zu bestimmen:

| | Periode | | | |
|---|---|---|---|---|
| | $t_1$ | $t_2$ | $t_3$ | $t_4$ |
| Einnahmeüberschuss | 1.200 | 600 | 500 | 200 |
| Liquidationserlös | 1.100 | 400 | 300 | 0 |

$a_0$ beträgt 2.000,- EUR, der Kalkulationszinsfuß 10%.

Für den Kapitalwert ergibt sich abhängig von der Dauer der Nutzung:

$$C_{01} = -2.000 + \frac{1}{1,1} * 1.200 + \frac{1}{1,1} * 1.100$$

$$C_{02} = -2.000 + \frac{1}{1,1} * 1.200 + \frac{1}{1,1^2} * 600 + \frac{1}{1,1^2} * 400$$

$$C_{03} = -2.000 + \frac{1}{1,1} * 1.200 + \frac{1}{1,1^2} * 600 + \frac{1}{1,1^3} * 500 + \frac{1}{1,1^3} * 300$$

$$C_{04} = -2.000 + \frac{1}{1,1} * 1.200 + \frac{1}{1,1^2} * 600 + \frac{1}{1,1^3} * 500 + \frac{1}{1,1^4} * 200 + \frac{1}{1,1^4} * 0$$

Die Kapitalwerte unterscheiden sich jeweils dadurch, dass bei dem nächsten Wert der Einnahmeüberschuss des nachfolgenden Jahres hinzukommt und für den Liquidationserlös jeweils der aktuelle Wert angesetzt wird. Bei der Berechnung kann man sich dieses zunutze machen, indem man zunächst die einzelnen Summen der abgezinsten Einnahmeüberschüsse berechnet und dann den jeweiligen abgezinsten Liquidationserlös hinzuzählt. In der nachfolgenden Tabelle sind die Kapitalwerte auf diese Weise berechnet:

| t | $d_t$ | $L_t$ | $d_t*(1+i)^{-t}$ | $-a_0+\sum d_t*(1+i)^{-t}$ | $L_t*(1+i)^{-t}$ | $C_{0t}$ |
|---|---|---|---|---|---|---|
| 1 | 1.200 | 1.100 | 1.090,9 | $-909,1$ | 1.000 | 90,9 |
| 2 | 600 | 400 | 495,9 | $-413.2$ | 330,6 | $-82,6$ |
| 3 | 500 | 300 | 375,7 | $-37,5$ | 225.4 | 187,9 |
| 4 | 200 | 0 | 136,6 | 99,1 | 0 | 99,1 |

Der Kapitalwert ergibt sich jeweils, indem in der jeweiligen Zeile die Summe der abgezinsten Einnahmeüberschüsse (drittletzte Spalte) und der abgezinste Liquidationserlös (vorletzte Spalte) addiert werden. Der größte Kapitalwert ergibt sich bei einer Nutzung von 3 Jahren ($C_{03}$ = 187,9). Es ist also optimal, die Anlage nach 3 Jahren zu verkaufen.

Alternativ zu dem zuvor durchgeführten Vergleich der Kapitalwerte kann man auch die zeitliche Grenzrendite betrachten. Was ergibt sich für die Differenz zweier Kapitalwerte, also z. B. $C_{03} - C_{02}$?

$$C_{03}-C_{02}$$

$$= -a_0 + \sum_{t=1}^{3} \frac{1}{(1+i)^t}*d_t + \frac{1}{(1+i)^3}*L_3 - (-a_0 + \sum_{t=1}^{2} \frac{1}{(1+i)^t}*d_t + \frac{1}{(1+i)^2}*L_2)$$

$$= \frac{1}{(1+i)^3}*d_3 + \frac{1}{(1+i)^3}*L_3 - \frac{1}{(1+i)^2}*L_2$$

$$= \frac{1}{(1+i)^3}*(d_3 + L_3 - (1+i)*L_2)$$

Der Ausdruck in der Klammer drückt den Wert der Differenz vom zweiten Jahr zum dritten Jahr aus. Der Faktor vor der Klammer sorgt dafür, dass die Differenz abgezinst wird. $C_{03}$ beinhaltet also zusätzlich zu $C_{02}$ den Einzahlungsüberschuss und den Liquidationserlös der dritten Periode. Da die Anlage aber nicht in $t_2$ verkauft wurde, entsteht bei $C_{03}$ natürlich kein Liquidationserlös in $t_2$, und dieser und die entgangenen Zinsen $\{(1+i)*L_2\}$ müssen abgezogen werden.

Zuvor war die Differenz zwischen $C_{03}$ und $C_{02}$ berechnet worden. Analog zu der vorherigen Berechnung ergibt sich allgemein für die Differenz zweier benachbarter Kapitalwerte:

$$C_{0n} - C_{0(n-1)} = \frac{1}{(1+i)^n} * (d_n + L_n - (1+i) * L_{n-1})$$

Den gesamten Ausdruck nennt man auch den **zeitlichen Grenzgewinn.** Wenn der Ausdruck in der Klammer, der den aufgezinsten zeitlichen Grenzgewinn darstellt, positiv ist, so lohnt die entsprechende Verlängerung der Nutzungsdauer auf jeden Fall, denn $C_{0n}$ ist dann größer als $C_{0(n-1)}$. In praktischen Beispielen wird es häufig so sein, dass die zeitlichen Grenzgewinne für die ersten Differenzen positiv und ab einer bestimmten Stelle immer negativ sind. In diesen Fällen reicht es aus, jeweils den aufgezinsten zeitlichen Grenzgewinn zu berechnen. Optimal ist die Nutzung, solange dieser Grenzgewinn positiv ist.

In dem betrachteten Beispiel ergeben sich folgende zeitliche Grenzgewinne:

$$C_{01} - C_{00} = \frac{1}{1,1} * (1.200 + 1.100 - 1,1 * 2.000) = 90,9$$

$$C_{02} - C_{01} = \frac{1}{1,1^2} * (600 + 400 - 1,1 * 1.100) = -173,6$$

$$C_{03} - C_{02} = \frac{1}{1,1^3} * (500 + 300 - 1,1 * 400) = 270,5$$

$$C_{04} - C_{03} = \frac{1}{1,1^4} * (200 + 0 - 1,1 * 300) = -88,8$$

Der zeitliche Grenzgewinn ist in der ersten Periode positiv, es lohnt sich also, die Investition durchzuführen und zumindest eine Periode zu nutzen. Für die zweite Periode ergibt sich ein Grenzverlust von −173,60 EUR, daher würde es sich nicht lohnen, die Investition zwei Perioden statt einer zu nutzen. Allerdings lässt sich noch nicht folgern, dass die optimale Nutzungsdauer eine Periode ist, denn in der dritten Periode ergibt sich ein zeitlicher Grenzgewinn von 270,50 EUR. Dieser ist größer als der Grenzverlust der zweiten Periode. Daher lohnt es sich, die Investition für 3 Perioden statt für eine Periode durchzuführen. Eine Nutzung in der vierten Periode lohnt sich nicht mehr, denn in dieser Periode ergibt sich ein Grenzverlust von −88,80 EUR. Es ist also optimal, die Investition für 3 Jahre zu nutzen. Wenn man die einzelnen zeitlichen Grenzgewinne addiert, so erhält man jeweils den Kapitalwert für die entsprechende Nutzungsdauer.

Die beiden dargestellten Methoden „Vergleich der Kapitalwerte" und „Vergleich der Grenzgewinne" können alternativ verwendet werden.

## 3.4.2 Wiederholte Investitionen

Bei wiederholten Investitionen spricht man auch von Investitionsketten. Auch bei Investitionsketten ist die jeweilige Nutzungsdauer optimal, bei der der Kapitalwert maximal wird.

Man unterscheidet **identische** und **nicht-identische Investitionsketten**. Bei identischen Investitionsketten haben alle Investitionen, bezogen auf den jeweiligen Investitionszeitpunkt, den gleichen Kapitalwert. Dies muss nicht zwangsläufig bedeuten, dass die Zahlungsreihen der Investitionen identisch sind. Für einen bestimmten Kalkulationszinsfuß kann sich auch bei verschiedenen Zahlungsreihen ein identischer Kapitalwert ergeben. Außerdem kann man zwischen **endlichen** und **unendlichen** Investitionsketten unterscheiden.

Wie zuvor bereits angeführt, sollte man die einzelnen Investitionen einer Investitionskette so lange nutzen, bis der Kapitalwert der gesamten Kette maximal wird. Die konkrete Berechnung kann im Einzelfall sehr aufwendig sein. Nachfolgend soll lediglich auf einen Spezialfall, die **unendlich wiederholte identische** Investitionskette, eingegangen werden.

Bei der unendlichen identischen Wiederholung ist es anschaulich klar, dass der Kapitalwert maximal wird, wenn jede einzelne Investition über den gleichen Zeitraum läuft. Damit ergibt sich für jede einzelne Investition zu Beginn des jeweiligen Investitionszeitraumes der gleiche Kapitalwert $C_{0n}$. Dieser hängt lediglich von der jeweiligen Nutzungsdauer n ab. Wenn man diesen Kapitalwert mit dem Kapitalwiedergewinnungsfaktor für die Laufzeit n multipliziert, so erhält man eine Annuität. Diese Annuität stellt gerade die jährliche Gewinnannuität der gesamten Investitionskette dar.

Die Investition liefert also, abhängig von der Nutzungsdauer, folgende Gewinnannuität:

$$C_{0n} * KWF_i^n$$

Den Kapitalwert der gesamten Kette ($C_{0n}^\infty$) erhält man, indem man den Barwert dieser unendlichen Folge von Annuitäten berechnet. Für eine unendliche identische Zahlungsreihe ergibt sich der Barwert, indem man durch i teilt. Somit gilt:

$$C_{0n}^\infty = \frac{C_{0n} * KWF_i^n}{i}$$

Die Nutzungsdauer n muss nun so bestimmt werden, dass der angeführte Kapitalwert $C_{0n}^\infty$ maximal wird.

# 4  Steuern

## 4.1  Grundlagen

Bei den bisherigen Betrachtungen haben Steuern keine Rolle gespielt. Es stellt sich die Frage, wie Steuern die Investitionsentscheidung beeinflussen. Kann man mit den bisher vorgestellten Methoden auch Probleme unter der Berücksichtigung von Steuern lösen? Die Beantwortung dieser Fragen hängt davon ab, welche Steuern man betrachtet. Die verschiedenen Fälle werden nachfolgend angesprochen:

**Umsatzsteuer:**

Die Umsatzsteuer (Mehrwertsteuer) ist auf die erbrachten Leistungen zu zahlen, wobei die Umsatzsteuer aus den Rechnungen anderer Unternehmen (man nennt sie in diesem Kontext auch Vorsteuer) abgezogen werden kann. Wenn man bei allen Ausgaben nur die Nettowerte (also ohne Vorsteuer) und bei allen Verkäufen ebenfalls nur die Nettowerte (also ohne die abzuführende Umsatzsteuer) ansetzt, berücksichtigt man bereits bei den zuvor angeführten Methoden der Investitionsrechnung die Umsatzsteuer.

**Kostensteuern:**

Dies sind Steuern die man beim Kauf mitbezahlt (z. B. die Mineralölsteuer), diese Steuern waren auch bei den bisherigen Betrachtungen zur Investition inbegriffen, denn man kann sie wie Kosten behandeln. Die Mineralölsteuer wird man sicherlich automatisch mit einkalkulieren, denn sie ist ja in dem Treibstoffpreis, der gezahlt wird, mit enthalten.

**Gewinnsteuern:**

Einkommensteuer, Kirchensteuer, Körperschaftsteuer, Kapitalertragsteuer, Gewerbeertragsteuer

Ein wesentlicher Unterschied bei diesen Steuern, im Vergleich zu den Kostensteuern, ist, daß bei ihrer Berechnung Abschreibungen mit ins Spiel kommen und dass bei progressivem Steuertarif (wie er z. B. bei der Einkommensteuer besteht) die Höhe der Steuerlast von der Höhe der Gesamteinkünfte abhängt. Die beiden Aspekte verkomplizieren die Berücksichtigung dieser Steuern erheblich.

**Substanzsteuern:**

Vermögensteuer

Die Vermögensteuer hat die vorhandene Substanz, das Vermögen, als

**Bemessungsgrundlage.** Zurzeit (2007) ist die Vermögensteuer in Deutschland durch ein Urteil des Bundesverfassungsgerichts faktisch abgeschafft.

Im Prinzip kann man auch Gewinn- und Substanzsteuern in der Investitionsrechnung berücksichtigen, indem man die durch jene verursachten Änderungen der Zahlungsströme in den einzelnen Jahren in die Kalkulation einfließen lässt. Da diese Steuern aber fast alle progressiv[1] sind, muss man für ihre Berechnung die gesamten Einkünfte bzw. das gesamte Vermögen in dem betrachteten Jahr kennen. Es ergibt sich hierbei ein immenser Abschätzungs- und Rechenaufwand. Die bisher angeführten Modelle berücksichtigen allerdings überhaupt keine Ertrag- und Substanzsteuern. Insbesondere angesichts der Bedeutung der Ertragsteuern (Einkommensteuer) ist dieses unbefriedigend. Das nachfolgend behandelte Standardmodell berücksichtigt deshalb eine allgemeine Gewinnsteuer unter idealtypischen Annahmen. Damit trifft es zwar keinesfalls die Steuerrealität, allerdings stellt es dennoch gegenüber den zuvor betrachteten Modellen, die die Ertragsteuern gänzlich vernachlässigen, eine deutliche Verbesserung dar.

---

1: Progressiv bedeutet, dass der insgesamt zu zahlende Prozentsatz an Steuern mit steigender Bemessungsgrundlage zunimmt. Auch Steuern, die einen proportionalen Tarif haben, sind progressiv, wenn es Freibeträge bei den Steuern gibt. Dies ist oft der Fall.

# 4.2 Das Standardmodell

Für das Standardmodell werden folgende vereinfachende Annahmen gemacht:[1]

1) Es gibt eine **allgemeine Gewinnsteuer.** Diese trifft alle Gewinne gleichermaßen, unabhängig davon ob sie privat oder gewerblich sind oder welche Rechtsform das Unternehmen hat. Man kann sich die allgemeine Gewinnsteuer als eine Zusammenfassung der Einkommen-, Kirchen-, Körperschaft- und Gewerbeertragsteuer vorstellen.

2) **Bemessungsgrundlage** für die Steuer ist der Gewinn in der jeweiligen Periode. Dieser setzt sich folgendermaßen zusammen:

$$
\begin{array}{ll}
\text{Periodenüberschüsse} & d_t = \text{(Einzahlungen} - \text{Auszahlungen)} \\
- \text{Abschreibungen} & - \text{AfA}_t \\
- \text{Zinsen} & - Z_t \\
= \text{Bemessungsgrundlage} & = \text{BG}_t
\end{array}
$$

Wenn in der Periode t Defizite auftreten, hat $d_t$ einen negativen Wert. $Z_t$ steht für die in der Periode t zu zahlenden Zinsen; wenn Zinseinnahmen entstehen, hat $Z_t$ einen negativen Wert.

3) Es erfolgt eine **proportionale Besteuerung.** Die Steuerschuld ergibt sich also, indem man die Bemessungsgrundlage mit dem konstanten Steuersatz s multipliziert.

4) Bei einer negativen Bemessungsgrundlage erhält der Steuerpflichtige eine Erstattung in Höhe der negativen Steuerschuld.

5) Die Steuer bzw. der Verlustausgleich wird zum Zeitpunkt ihrer Entstehung gezahlt.

6) Die Investitionszahlungsreihe ist unabhängig von der Besteuerung.[2]

---

1:  Vgl. Kruschwitz, Lutz (1998): Investitionsrechnung, S. 121

2:  Diese Forderung ist an sich überflüssig, denn es wird ja nicht über die Einführung einer neuen Steuer, die die Aktionen der Entscheidungsträger beeinflusst, entschieden, sondern es wird eine Investition unter der Annahme, dass bestimmte Steuern existieren, betrachtet. In diesem Fall kann man davon ausgehen, dass die Verkaufspreise usw. bereits in Anbetracht der Steuern kalkuliert wurden. Die Forderung findet sich aber häufiger in der Literatur. Vgl. z. B. Kruschwitz, Lutz (1998): Investitionsrechnung, S. 121

Für den Kapitalwert nach Steuern ergibt sich nun Folgendes:

$$C_0^{St.} = -a_0 + \sum_{t=1}^{n} \left( \frac{1}{(1+i*(1-s))^t} * (d_t - s*(d_t - AfA_t)) \right)$$

Nachfolgend ist noch einmal der Kapitalwert ohne Berücksichtigung von Steuern angegeben:

$$C_0 = -a_0 + \sum_{t=1}^{n} \left( \frac{1}{(1+i)^t} * d_t \right)$$

Die jährlichen Zahlungsüberschüsse lauten ohne Berücksichtigung von Steuern $d_t$. Aufgrund der Steuerzahlungen verringert sich dieser Betrag genau um die Höhe der Steuer. Die Höhe der Steuer ergibt sich in diesem Modell, indem man den zu versteuernden Gewinn mit dem Steuersatz multipliziert. Den zu versteuernden Gewinn erhält man, indem man von den jeweiligen Einnahmeüberschüssen $d_t$ die jeweiligen Abschreibungen $AfA_t$ abzieht. Somit betragen die Steuerzahlungen für die jeweilige Periode:

Steuerzahlungen in t:        $s*(d_t - AfA_t)$

Die Überschüsse nach Steuern ergeben sich, indem man die Steuerzahlungen von den ursprünglichen Einnahmeüberschüssen abzieht:

Überschuss nach Steuern in t:    $d_t - s*(d_t - AfA_t)$

Die Überschüsse ohne die Berücksichtigung von Steuern ($d_t$) werden in der Kapitalwertformel durch die Überschüsse unter Berücksichtigung von Steuern ($d_t - s*(d_t - AfA_t)$) ersetzt.

In der Formel gibt es aber noch eine weitere Änderung. Steuern müssen natürlich nicht nur bei dieser Investition, sondern auch bei den alternativen Anlagemöglichkeiten bezahlt werden. Auch die Zinseinnahmen aus einer Finanzinvestition müssen z. B. versteuert werden. In der Formel wurde dies berücksichtigt, indem nicht mit dem ursprünglichen Kalkulationszinsfuß i, sondern mit dem Kalkulationszinsfuß nach Steuern $i*(1-s)$ abgezinst wurde. Die Investition wird auf diese Weise mit einer alternativen Anlage zum Kalkulationszinsfuß, für die ebenfalls Steuern bezahlt werden müssen, verglichen. An einem Beispiel soll der Zusammenhang noch einmal erläutert werden. Es seien ein Kalkulationszinsfuß von 8% (i=0,08) und ein Steuersatz von 40% gegeben. In diesem Fall ergibt sich für den Kalkulationszinsfuß nach Steuern:

$$i*(1-s) = 0,08*(1-0,4) = 0,048$$

Die betrachtete Investition ist also vorteilhaft, wenn sie nach Steuern eine Rendite von mindestens 4,8% erbringt. Oder anders ausgedrückt: Bei der alternativen Anlage zum Kalkulationszinsfuß erhält man für 100 investierte EUR pro Jahr 8 EUR an Einnahmen. Auf diese Einnahmen ist ein Steuersatz von 0,4 fällig, somit müssen 3,2 EUR Steuern bezahlt werden. Nach Steuern verbleiben somit 8 EUR − 3,2 EUR = 4,8 EUR. Dies entspricht einer Rendite nach Steuern von 4,8%.

In der angeführten Formel für den Kapitalwert unter Berücksichtigung von Steuern taucht der folgende Term auf:

$$d_t - s*(d_t - AfA_t)$$

Diesen Term kann man umformen:

$$\Leftrightarrow d_t - s*d_t + s*AfA_t$$

$$\Leftrightarrow d_t*(1-s) + s*AfA_t$$

Somit kann man für den Kapitalwert unter der Berücksichtigung von Steuern auch folgenden Ausdruck anführen:

$$C_0^{St.} = -a_0 + \sum_{t=1}^{n} \left( \frac{1}{(1+i*(1-s))^t} * (d_t*(1-s) + s*AfA_t) \right)$$

# 4.3  Beispiele

An einem Beispiel sollen die Zusammenhänge nun demonstriert werden. Es sei die folgende Investition betrachtet:

Es wird eine Investition mit einem Volumen von 145.000,- EUR ($a_0$) erwogen. Der Kalkulationszinsfuß beträgt 8% und der Steuersatz des Investors 30%. Die jährlichen Überschüsse und Abschreibungen ergeben sich aus der folgenden Tabelle:

|  | Periode | | | | |
|---|---|---|---|---|---|
|  | $t_1$ | $t_2$ | $t_3$ | $t_4$ | $t_5$ |
| Überschuss ($d_t$) | 37.000 | 37.000 | 37.000 | 37.000 | 37.000 |
| Abschreibung ($AfA_t$) | 29.000 | 29.000 | 29.000 | 29.000 | 29.000 |

Zunächst soll der Kapitalwert ohne die Berücksichtigung von Steuern berechnet werden:

$$C_0 = -145.000 + ASF_{0,08}^5 * 37.000$$

$$\Leftrightarrow C_0 = -145.000 + \frac{(1+0,08)^5 - 1}{0,08*(1+0,08)^5} * 37.000$$

$$\Leftrightarrow C_0 = 2.730,27 \text{ EUR}$$

Die Investition hat also einen positiven Kapitalwert. Nachfolgend wird der Kapitalwert unter der Berücksichtigung von Steuern berechnet:

$$C_0^{St.} = -a_0 + \sum_{t=1}^{n} \left( \frac{1}{(1+i*(1-s))^t} * (d_t - s*(d_t - AfA_t)) \right)$$

$$\Rightarrow C_0^{St.} = -145.000 + \sum_{t=1}^{n} \left( \frac{1}{(1+0,08*(1-0,3))^t} * (37.000 - 0,3*(37.000 - 29.000)) \right)$$

$$\Leftrightarrow C_0^{St.} = -145.000 + \sum_{t=1}^{n} \left( \frac{1}{(1,056)^t} * 34.600 \right)$$

Da die Zahlungen in den einzelnen Jahren konstant sind, ergbt sich:

$$\Leftrightarrow C_0^{St.} = -145.000 + ASF_{0,056}^5 * 34.600$$

$$\Leftrightarrow C_0^{St.} = -145.000 + \frac{(1 + 0,056)^5 - 1}{0,056 * (1 + 0,056)^5} * 34.600$$

$$\Leftrightarrow C_0^{St.} = 2.347,55 \text{ EUR}$$

Der Kapitalwert ist von der Zahl her niedriger als der vorherige. Allerdings ist die Investition in beiden Fällen vorteilhaft. Unterschiede bezüglich der Vorteilhaftigkeit können sich insbesondere ergeben, wenn die Einnahmeüberschüsse und/oder die Abschreibungen sehr ungleichmäßig über die Jahre verteilt sind. Zur Illustration soll das folgende Beispiel betrachtet werden:

Weiterhin sei $a_0$ = 145.000,- EUR, der Kalkulationszinsfuß 8% und der Steuersatz 30%. Die jährlichen Überschüsse sind allerdings etwas niedriger als zuvor. Außerdem wird nun davon ausgegangen, dass das Investitionsobjekt nicht wie in dem vorherigen Beispiel linear abgeschrieben wird, sondern aufgrund einer Sonderabschreibung in $t_1$ bereits 50% abgeschrieben werden. Im Einzelnen sollen die Überschüsse und Abschreibungen folgendermaßen lauten:

| | Periode | | | | |
|---|---|---|---|---|---|
| | $t_1$ | $t_2$ | $t_3$ | $t_4$ | $t_5$ |
| Überschuss ($d_t$) | 36.000 | 36.000 | 36.000 | 36.000 | 36.000 |
| Abschreibung (AfA$_t$) | 72.500 | 18.125 | 18.125 | 18.125 | 18.125 |

Zunächst soll auch für diesen Fall der Kapitalwert ohne die Berücksichtigung von Steuern berechnet werden:

$$\Leftrightarrow C_0 = -145.000 + \frac{(1 + 0,08)^5 - 1}{0,08 * (1 + 0,08)^5} * 36.000$$

$$\Leftrightarrow C_0 = -1262,44 \text{ EUR}$$

Die Investition würde sich somit, wenn man die Steuern nicht berücksichtigt, nicht lohnen. Nachfolgend wird der Kapitalwert unter der Berücksichtigung der Steuern berechnet. Hierbei muss man beachten, dass die Zahlungsüberschüsse nach Steuern nicht mehr für alle Jahre gleich sind.

$$C_0^{St.} = -a_0 + \sum_{t=1}^{n} \left( \frac{1}{(1 + i*(1-s))^t} * (d_t - s*(d_t - AfA_t)) \right)$$

$$\Rightarrow C_0^{St.} = -145.000 + \sum_{t=1}^{n} \left( \frac{1}{(1 + 0,08*(1 - 0,3))^t} * (36.000 - 0,3*(36.000 - AfA_t)) \right)$$

$$\Leftrightarrow C_0^{St.} = -145.000 + \sum_{t=1}^{n} \left( \frac{1}{(1,056)^t} * (36.000 - 0,3*36.000 + 0,3*AfA_t) \right)$$

$$\Leftrightarrow C_0^{St.} = -145.000 + \sum_{t=1}^{n} \left( \frac{1}{(1,056)^t} * (25.200 + 0,3*AfA_t) \right)$$

Im ersten Jahr ergibt sich für den Term in der hinteren Klammer:

$$25.200 + 0,3 * 72.500 = 46.950$$

Für die folgenden Jahre ergibt sich:

$$25.200 + 0,3 * 18.125 = 30.637$$

Somit ergibt sich für den Kapitalwert:

$$\Leftrightarrow C_0^{St.} = -145.000 + \frac{1}{1,056} * 46.950 + \frac{1}{1,056^2} * 30.637 + \frac{1}{1,056^3} * 30.637$$

$$+ \frac{1}{1,056^4} * 30.637 + \frac{1}{1,056^5} * 30.637 = 918,64$$

Der Kapitalwert ist positiv, die Investition lohnt sich also, wenn man die Effekte der Besteuerung berücksichtigt. Steuern können eine Investitionsentscheidung also maßgeblich beeinflussen. In dem Beispiel wurde durch die Sonderabschreibung ein Steuerverschiebungseffekt erzielt. Wenn die Laufzeit einer Investition länger ist, fällt dieser Effekt noch deutlich stärker aus. In der Vergangenheit wurden zahlreiche Investitionen in den neuen Bundesländern mittels Sonderabschreibungen gefördert.[1]

---

1:   Derartige Sonderabschreibungen sind in der Politik sehr beliebt, denn man kann mit ihnen Investitionen lenken, ohne dass bei dem aktuellen Staatshaushalt an anderer Stelle Einsparungen vorgenommen werden müssen. Die späteren Einnahmeausfälle aufgrund der Steuerverschiebung finden zumeist keine aureichende Beachtung. Außerdem wird mit Sonderabschreibungen oft sehr undifferenziert gefördert. Zahlreiche fragwürdige Immobilienprojekte in den neuen Bundesländern zeugen davon.

# 5 Investitionsprogramme

Wenn indirekte Interdependenzen bestehen, so sind dies häufig Interdependenzen aufgrund der beschränkten Finanzmittel. Man spricht in diesen Fällen auch von **simultaner Investitions- und Finanzierungsplanung.** Diese Interdependenzen sollen nachfolgend besprochen werden. Allerdings wird nur auf ein sehr einfaches Verfahren, nämlich den Vergleich der internen Zinsfüße der Investitionen und Finanzierungen, eingegangen. Dieses Verfahren ist nur für den recht unrealistischen Einperiodenfall unumstritten. **Dean** hat vorgeschlagen, es auch im Mehrperiodenfall zu verwenden. Hier können sich aber bei unterschiedlicher zeitlicher Verteilung der Rückflüsse fragwürdige Ergebnisse ergeben. Im Allgemeinen können mehrperiodige Probleme mit der linearen Programmierung gelöst werden. Da es sich hier nur um eine Darstellung der Grundlagen handelt, soll nachfolgend trotzdem nur der Vergleich der internen Zinsfüße, der bisweilen auch **Dean-Modell** genannt wird, betrachtet werden.

Zunächst müssen für die Investitionen und die Finanzierungsalternativen jeweils die internen Zinsfüße berechnet werden. Bei dem folgenden Beispiel seien diese bereits berechnet.

Es seien folgende Investitionen möglich:

| Investition | Anschaffungsausgabe $a_0$ | interner Zinsfuß r |
|---|---|---|
| A | 20.000 | 15% |
| B | 30.000 | 9% |
| C | 50.000 | 12% |

Zur Finanzierung stehen Eigenkapital und zwei Kredite zur Verfügung. Nachfolgend sind die Kapitalkosten (beim Eigenkapital die geforderte Mindestverzinsung i) und die verfügbaren Beträge angegeben:

| Finanzierungsquelle | verfügbarer Betrag | Zins |
|---|---|---|
| Kredit 1 | 40.000 | 14% |
| Kredit 2 | 30.000 | 10% |
| Eigenkapital | 30.000 | 8% |

Die Investitionen und die Finanzmittel müssen nun sortiert werden. Bei den Investitionen wird zunächst die Investition mit der höchsten Rendite geschrieben usw. Bei den Finanzmitteln wird hingegen dasjenige mit dem niedrigsten Zins zuerst aufgeführt usw. Sortiert ergibt sich somit:

| Investition | Anschaffungsausgabe $a_0$ | interner Zinsfuß r |
|---|---|---|
| A | 20.000 | 15% |
| C | 50.000 | 12% |
| B | 30.000 | 9% |

| Finanzierungsquelle | verfügbarer Betrag | Zins |
|---|---|---|
| Eigenkapital | 30.000 | 8% |
| Kredit 2 | 30.000 | 10% |
| Kredit 1 | 40.000 | 14% |

Wenn man sich nun zuerst eine Investition aussucht, so wird man natürlich die Investition mit der höchsten Rendite (interner Zins) wählen, für die Finanzierung dieser Investition wird man die Finanzquelle mit dem günstigsten Zins wählen. Es wird also zunächst die Investition A ausgewählt und zur Finanzierung das Eigenkapital herangezogen. Da die Investition 15% erwirtschaftet, aber für die Finanzierung nur 8% notwendig sind, lohnt sich diese Investition. Als nächstes wird die Investition C gewählt, für die Finanzierung dieser Investition werden die 10.000 vom Eigenkapital, die für die Investition A noch nicht benötigt wurden, und weitere 30.000 von dem Kredit 2 verwendet. Diese 40.000 reichen aber für die Investition C noch nicht aus, es werden weitere 10.000 von Kredit 1 benötigt. Dieses Geld muss man sich nun aber zu 14% leihen, wohingegen die Investition nur eine Rendite von 12% erbringt. Wenn die Investition teilbar wäre[1], so würde sie lediglich in der Höhe von 40.000 getätigt werden. Ist die Investition hingegen nicht teilbar, so muss man überprüfen, ob es sich lohnt, für diese Investition die zusätzlichen 10.000 zu 14% zu finanzieren. Hierzu zieht man von dem Ertrag der Investition die Kosten für ihre Finanzierung ab:

---

1:    Wenn hier z. B. eine Ölgesellschaft in Lagervorräte investiert, so ist die Investition teilbar. Würde hingegen eine Spedition überlegen, ob sie einen neuen LKW beschafft, so ist die Investition nicht teilbar.

50.000 * 0,12 − (10.000 * 0,08 + 30.000 * 0,1 + 10.000 * 0,14) = 800

Die Durchführung von Investition C bringt also einen zusätzlichen Gewinn (Grenzgewinn) und ist daher sinnvoll.

In beiden Fällen würde man die Investition B nicht durchführen, denn diese Investition erbringt lediglich eine Rendite von 9%, müsste aber mit einem Kredit zu 14% finanziert werden.

Einen groben Fehler würde man begehen, wenn man Investitionen und Finanzierungen nicht in der zuvor dargestellten Reihenfolge einander zuordnen würde. Wenn man z. B. zunächst die Investition B (9%) gedanklich mit dem Eigenkapital (8%) finanziert, könnte man, zumindest bei unteilbaren Investitionen, zu dem Schluss kommen, dass es sinnvoll ist, alle angegebenen Investitionen durchzuführen. Wenn der Gewinn für den Fall, dass alle Investitionen durchgeführt werden, mit dem Fall des zuvor ermittelten optimalen Investitionsprogrammes verglichen wird, kann aber leicht festgestellt werden, dass nicht alle Investitionen durchgeführt werden sollten.

Einen schönen Überblick vermittelt auch die graphische Darstellung der Kapitalangebots- und der Kapitalnachfragekurve. Für das Beispiel ergibt sich folgendes Bild:

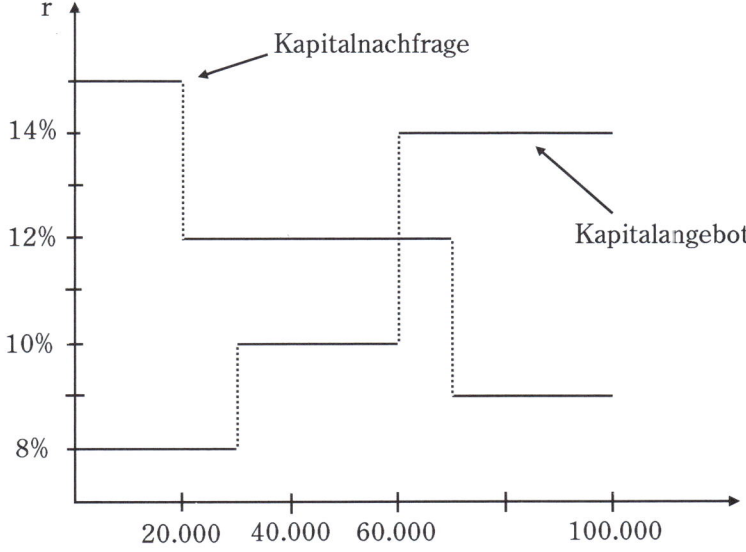

Die Kapitalangebots– und Kapitalnachfragekurve schneiden sich bei einer Gesamtsumme von 60.000 EUR. Bei beliebiger Teilbarkeit der Investitionen und Finanzierungsmöglichkeiten ist diese Summe optimal. Man erkennt deutlich, dass der Schnittpunkt gerade der zuvor ermittelten optimalen Aufteilung für den Fall teilbarer Investitionen entspricht. Es werden die Investition A und im Umfang von 40.000 EUR die Investition C durchgeführt. Zur Finanzierung werden das Eigenkapital und der Kredit 2 verwendet.

Den Zinssatz, bei dem sich Kapitalangebot und Kapitalnachfrage schneiden, nennt man auch **cut–off–rate** oder **endogenen Kalkulationszinsfuß**. Wenn man diesen Zins als Kalkulationszinsfuß wählt und für alle zur Verfügung stehenden Investitionen den Kapitalwert berechnet, so ergibt sich für alle durchzuführenden Investitionen ein nicht negativer Kapitalwert und für alle zu verwerfenden Investitionen ein negativer Kapitalwert.

Zuvor wurde zwischen teilbaren und nichtteilbaren Investitionen unterschieden, wobei wohl in der Regel nichtteilbare Investitionen vorliegen werden. Bezüglich der Finanzmittel wurde davon ausgegangen, dass diese teilbar sind. Es kann sein, dass auch die Finanzmittel nicht teilbar sind, weil z. B. ein Kreditgeber nur bereit ist, den ganzen oder gar keinen Kredit zu geben. In einem solchen Fall müssen die sich hieraus ergebenden Restriktionen natürlich zusätzlich beachtet werden.

# 6 Unsicherheit

## 6.1 Grundlagen

In den bisherigen Betrachtungen war davon ausgegangen worden, dass man die Einzahlungen und Auszahlungen für die zukünftigen Perioden und auch die Nutzungsdauer der Investitionen genau kennt. Diese Annahme ist alles andere als realistisch. Man wird zwar bestimmte Erwartungen über die relevanten Parameter haben, aber sicher werden diese Erwartungen normalerweise nicht sein. So kann man z. B. die Nutzungsdauer einer Investition nicht exakt voraussagen. Wenn eine Maschine im Mittel 5 Jahre läuft, so bedeutet dieses eben nicht, dass jede Maschine 5 Jahre läuft. Wenn man Pech hat, sind es vielleicht nur 4 Jahre und wenn es gut läuft, sogar 6 Jahre. Auch den Preis, den man für die produzierten Produkte am Markt erzielen kann, und die Kosten für die verwendeten Rohstoffe und Vorprodukte wird man sicherlich nicht exakt voraussagen können usw.

Es kann generell festgehalten werden, dass gerade Investitionen mit Unsicherheiten behaftet sind, denn die Zahlungsreihen der Investitionen erstrecken sich stets in die Zukunft. Wie geht man nun mit derartigen Unsicherheiten um? Die Antwort auf diese Frage liefert die Entscheidungstheorie. Im Prinzip muss man also die Entscheidungstheorie[1] auf Investitionsentscheidungen unter Unsicherheit anwenden. Als theoretisch besonders geeignetes Verfahren liefert die Entscheidungstheorie das Bernoulli-Prinzip. Allerdings ist für die Anwendung des Bernoulli-Prinzips ein recht erheblicher Aufwand notwendig. Nachfolgend wird daher zunächst das **Korrekturverfahren** behandelt, dieses basiert gewissermaßen auf der relativ unbefriedigenden Maximin-Regel. Als nächstes wird die **Sensitivitätsanalyse** behandelt. Hierbei wird untersucht, wie stark das Ergebnis einer Investition (der Kapitalwert) auf Änderungen der Inputdaten reagiert. Wenn man z. B. bei einer Investition vor allem den in der Zukunft zu erzielenden Verkaufspreis der produzierten Güter für unsicher hält, kann man ausrechnen, wie der Kapitalwert auf die Änderung des Verkaufspreises reagiert. Es könnte z. B. sein, dass der Kapitalwert auch bei dem niedrigsten für möglich gehaltenen Verkaufspreis noch positiv ist, die Investition wäre somit in jedem Fall vorteilhaft.

---

1: Eine Darstellung der relevanten Zusammenhänge aus der Entscheidungstheorie findet sich in: Dörsam, Peter (2007): Grundlagen der Entscheidungstheorie..

In Abschnitt **6.4** wird dann die Entscheidungsfindung unter Risiko betrachtet. Hierbei sind verschiedene Umweltzustände[1] gegeben, denen sich bestimmte Wahrscheinlichkeiten zuordnen lassen. Oft wird es aber schwerfallen, die relevanten Umweltzustände und die zugehörigen Wahrscheinlichkeiten zu ermitteln, denn in der Regel ist nicht nur einer der Inputparameter einer Investition mit Unsicherheit behaftet. Die in Abschnitt **6.5** behandelte Risikoanalyse stellt dar, wie man aus den verschiedenen Verteilungen der Inputdaten eine Verteilung für den Outputwert (z. B. den Kapitalwert) erhält.

Alle bisher angeführten Methoden gehen davon aus, dass einzelne Investitionsobjekte überprüft werden. Wenn man mehrere Investitionen auf einmal durchführen kann, ergibt sich ein zusätzlicher Effekt, denn es kann sein, dass sich die Risiken der einzelnen Investitionsobjekte gegenseitig reduzieren. Ein Beispiel für einen derartigen Fall ist die Investition in eine Anlage zur Produktion von Sonnenschirmen und eine Anlage zur Produktion von Regenschirmen. Je nachdem, wie sich das Wetter entwickelt, verkauft man entweder viele Sonnenschirme oder viele Regenschirme. Durch die Investition in beide Anlagen lässt sich das Risiko gegenüber der Investition in nur eine der Anlagen verringern. Ausgangspunkt für die in Abschnitt **6.6** angeführte Portefeuille-Auswahl ist allerdings die Investition in Wertpapiere.

---

1: Ein Umweltzustand bedeutet eine bestimmte Konstellation der Inputparameter, die zu einem bestimmten Ertrag der Investition führt.

# 6.2 Korrekturverfahren

## 6.2.1 Darstellung des Verfahrens

Eine der einfachsten, aber auch schlechtesten Entscheidungsregeln ist die Maximin-Regel, bei der der Entscheidungsträger sich jeweils nur an dem schlechtestmöglichem Ergebnis der Alternativen orientiert. Das Korrekturverfahren stellt in einem gewissen Sinne die Anwendung der Maximin-Regel auf Investitionsentscheidungen dar. Im Sinne „der kaufmännischen Vorsicht" ändert man alle Schätzwerte für die Inputgrößen zum Negativen. Dies erreicht man, indem man die Schätzwerte mit Risikozuschlägen oder Risikoabschlägen versieht. Man führt z. B. folgende Korrekturen durch:

- Erhöhung des Kalkulationszinssatzes
- Verringerung der geschätzten Umsatzeinnahmen
- Erhöhung der geschätzten laufenden Betriebsausgaben
- Verringerung der voraussichtlichen Nutzungsdauer

Für die neuen pessimistischen Annahmen wird nun der Kapitalwert berechnet. Die Vorteilhaftigkeit der Investition wird dann anhand dieses Kapitalwertes beurteilt.

## 6.2.2 Kritik

Vorteile:
- Das Verfahren ist mit einem relativ geringen Aufwand verbunden.
- Es wird zumindest überhaupt an das mit der Investition verbundene Risiko gedacht.

Nachteile:
- Es werden nur die denkbar schlechtesten Möglichkeiten berücksichtigt. Alle anderen Informationen werden ausgeblendet.[1]
- Es wird eine völlige Risikoscheu des Investors unterstellt. Auch wenn Investoren in der Regel risikoscheu sind, so lässt sich leicht anhand

---

1: Wer dieses Verfahren verwendet, würde z. B. niemals eine Spielbank eröffnen, egal, wie hoch der erwartete Gewinn wäre, denn es würde ja immer den sehr unwahrscheinlichen Fall geben, dass die Spieler so viel Glück haben, dass die Spielbank ins Minus rutscht.

von Beispielen[1] zeigen, dass kaum ein Investor so risikoscheu ist, wie es bei diesem Verfahren unterstellt wird.

– Oft sind mehrere Entscheidungsträger mit einer Investition befasst; wenn nun jeder von ihnen Korrekturen vornimmt, also die Datenlage zuungunsten der Investition verändert, werden noch mehr Investitionen unvorteilhaft.

Zusammenfassend lässt sich festhalten, dass das Korrekturverfahren zu einer übertrieben defensiven Investitionsstrategie führt.

# 6.3 Sensitivitätsanalyse

## 6.3.1 Grundlagen

Unsicherheit bei Investitionen bedeutet, dass die Werte für bestimmte Inputgrößen nicht exakt bekannt sind. Es sei beispielsweise angenommen, dass ein Unternehmer eine Investition plant, die in den folgenden Jahren nicht unerhebliche Energiekosten verursacht. Wenn eine neue Energiesteuer eingeführt wird, steigen diese Kosten. Die Sensitivitätsanalyse versucht darzustellen, wie sich solche Änderungen der Inputgrößen auf den Erfolg der Investition auswirken. Den Erfolg der Investition misst man an bestimmten Outputgrößen der Investitionsrechnung. Allgemein kann man also festhalten:

> Die Sensitivitätsanalyse untersucht, wie empfindlich Outputgrößen der Investitionsrechnung auf die Veränderung von einer oder mehrerer Inputgrößen reagieren.

Die gängigste Outputgröße ist der Kapitalwert, dieser soll auch nachfolgend betrachtet werden. Für das betrachtete Beispiel stellt sich also die Frage, wie stark eine Erhöhung der Energiesteuern den Kapitalwert der Investition beeinflusst.

Es lassen sich drei verschiedene Arten der Betrachtung unterscheiden:

1) Bestimmung von **kritischen Werten**. Es wird der Wert der Inputgröße bestimmt, für den der Kapitalwert gerade den Wert Null hat. Für die Aufgabe mit der Energiesteuer würde man hier also die entspre-

---

1: Beispiele hierzu finden sich in Dörsam, Peter (2007): Grundlagen der Entscheidungstheorie, S. 29f.

chende Höhe der Steuer berechnen. Wenn die Steuer noch höher als der kritische Wert ist, lohnt sich die Investition nicht mehr.

2) Wenn man für die Inputgröße eine bestimmte Bandbreite für möglich hält, kann man ausrechnen, wie stark der Kapitalwert auf die Schwankungen der Inputgröße reagiert. Man berechnet also die zugehörige Bandbreite des Kapitalwertes. Daher nennt man diese Analyse auch **Bandbreitenanalyse.**

3) Es ist auch denkbar, dass man bestimmte Vorstellungen über den Kapitalwert hat, z. B. dass dieser in einem bestimmten **Schwankungsintervall** liegen soll. Man kann dann ein zugehöriges Schwankungsintervall für die Inputgröße ermitteln.

Bisweilen wird auch nur die dritte Variante als Sensitivitätsanalyse bezeichnet.

Im nächsten Abschnitt wird die Sensitivitätsanalyse für den Fall einer unsicheren Inputgröße betrachtet. Oft wird nicht nur bezüglich einer einzigen Inputgröße Unsicherheit bestehen. In diesen Fällen muss eine multiple Sensitivitätsanalyse durchgeführt werden. Hierbei handelt es sich um eine Verallgemeinerung der nachfolgend dargestellten Methodik.[1]

## 6.3.2 Beispiel zur Sensitivitätsanalyse

*Eine Spedition erwägt, einen weiteren LKW anzuschaffen, die Anschaffungskosten betragen 150.000,– EUR. Es wird mit einer Nutzungsdauer von 10 Jahren und einem jährlichem Einnahmeüberschuss von 20.000,– EUR gerechnet. Nach 10 Jahren wird mit einem Liquidationserlös von 30.000 EUR gerechnet. Für die Beschaffung des LKW müsste ein Kredit zu 6% aufgenommen werden.*

Es sind also folgende Daten gegeben:

$a_0$ = 150.000     n = 10     d = 20.000     i = 0,06     L = 30.000,– EUR

Für alle Verfahren muss man sich zunächst überlegen, welche Inputgröße unsicher ist. In diesem Fall sei angenommen, dass in den Medien in letzter Zeit viel über eine bevorstehende Rezession zu lesen war, sollte diese eintreten, würden sowohl die Margen als auch die Anzahl der

---

1: Zu weiteren Details siehe: Kruschwitz, Lutz (1998): Investitionsrechnung, S. 260ff.

Aufträge sinken. Beides würde dazu führen, dass die jährlichen Einnahmeüberschüsse sinken würden. Es sei hier unterstellt, dass die Überschüsse in den nächsten 10 Jahren gleichmäßig abnehmen würden.

Nachfolgend werden die verschiedenen Varianten der Sensitivitätsanalyse betrachtet:

**1) Kritischer Wert:**

Gesucht ist hierbei der jährliche Einnahmeüberschuss d, bei dem sich ein Kapitalwert von Null ergibt. Es muss also gelten:

$$C_0 = -a_0 + ASF_{0,06}^{10} * d + \frac{1}{(1+i)^n} * L = 0 \quad | +a_0 - \frac{1}{(1+i)^n} * L$$

Diese Gleichung muss nun nach d aufgelöst werden:

$$\Leftrightarrow ASF_{0,06}^{10} * d = a_0 - \frac{1}{(1+i)^n} * L \quad | / ASF_{0,06}^{10}$$

$$\Leftrightarrow d = (a_0 - \frac{1}{(1+i)^n} * L) / ASF_{0,06}^{10}$$

Es gilt:
$$ASF_{0,06}^{10} = \frac{(1+0,06)^{10} - 1}{0,06 * (1+0,06)^{10}} = 7{,}360087 \quad \text{(Tabelle: 7,360)}$$

Somit ergibt sich für d:

$$\Leftrightarrow d = (150.000 - \frac{1}{(1+0,06)^{10}} * 30.000) / 7{,}360087$$

$$\Leftrightarrow d = 133.248{,}16 / 7{,}360087 = 18.104{,}16$$

Der jährliche Einnahmeüberschuss muss also mindestens 18.104,16 EUR betragen, damit sich ein positiver Kapitalwert ergibt. Mit diesem Wert kann man nun die Erwartungen über die Einnahmeüberschüsse vergleichen. Wenn man z. B. im schlechtesten Fall einen Rückgang des Einnahmeüberschusses auf 18.500,– EUR erwartet, kann man folgern, dass sich die Investition in jedem Fall lohnt.

**2) Bandbreitenanalyse**

Um eine Bandbreitenanalyse durchzuführen, benötigt man eine Einschätzung der Bandbreite der Inputgröße. Es sei für die nachfolgende Berechnung angenommen, dass für die Einnahmeüberschüsse eine Bandbreite von 15.000,- EUR bis 22.000,- EUR[1] für realistisch gehalten wird. Es muss nun berechnet werden, in welchem Bereich sich der Kapitalwert bewegt. Hierzu wird für Einnahmeüberschüsse von 15.000,- EUR und von 22.000,- EUR der Kapitalwert berechnet:

a)    $C_0 = -150.000 + 7,360087 * 15.000 + \dfrac{1}{(1+0,06)^{10}} * 30.000$

       $= -22.846,85$

b)    $C_0 = -150.000 + 7,360087 * 22.000 + \dfrac{1}{(1+0,06)^{10}} * 30.000$

       $= 28.673,76$

Für die vorgegebene Bandbreite der Inputgröße ergibt sich für den Kapitalwert also eine Bandbreite von $-22.846,85$ EUR bis $28.673,76$ EUR.

### 3) Schwankungsintervall:

Es muss zunächst ein Intervall für den Kapitalwert vorgegeben werden. Wenn z. B. der höchste Verlust, den man bereit ist einzugehen, einem Kapitalwert von $-30.000,-$ EUR entspricht, so setzt man diese $-30.000,-$ EUR als untere Grenze für das Schwankungsintervall des Kapitalwertes. Die Angabe einer oberen Intervallgrenze ist für den Kapitalwert an sich unsinnig, denn je höher der Kapitalwert, desto besser. Da der Begriff „Intervall" aber auch eine obere Grenze impliziert, sei hier eine obere Grenze von 50.000,- EUR für den Kapitalwert angenommen.

Es müssen nun die zugehörigen Werte für die Einnahmeüberschüsse berechnet werden. Für die Kapitalwerte gilt:

a)    $C_0 = -a_0 + ASF^{10}_{0,06} * d + \dfrac{1}{(1+i)^n} * L = -30.000$

Diese Gleichung muss nach d aufgelöst werden. Die Auflösung ist analog zu der zuvor bei der Berechnung des kritischen Wertes angeführten Auflösung. Es ergibt sich:

$$d = (-30.0000 + a_0 - \frac{1}{(1+i)^n} * L) / ASF^{10}_{0,06}$$

Mit den zuvor angeführten konkreten Werten folgt:

---

1: Wegen des möglichen Konkurses eines wichtigen Konkurrenten werden eventuell diese erhöhten Einnahmeüberschüsse für möglich gehalten.

$$\Leftrightarrow d = (-30.0000 + 150.000 - \frac{1}{(1 + 0,06)^{10}} * 30.000) / 7,360087$$

$$= 14.028,12$$

b) Für die obere Grenze ergibt sich:

$$\Leftrightarrow d = (50.0000 + 150.000 - \frac{1}{(1 + 0,06)^{10}} * 30.000) / 7,360087$$

$$= 24.897,55$$

Das Schwankungsintervall geht also von 14.028,12 EUR bis 24.897,55 EUR. Wenn der Investor einen Kapitalwert von $-30.000,-$ EUR gerade noch tolerieren würde, so würde er bereit sein zu investieren, wenn die Einnahmeüberschüsse zumindest 14.028,12 EUR betragen.

## 6.3.3 Anmerkungen und Kritik

Bei dem vorherigen Beispiel war die Analyse bewusst einfach gehalten worden. Auf diese Weise sollte das prinzipielle Vorgehen dargestellt werden. Nachfolgend werden einige Anmerkungen zu allgemeineren Fällen gemacht:

Die sich ergebenden Gleichungen konnten zuvor relativ einfach nach dem gesuchten Wert d aufgelöst werden. Wenn andere Inputgrößen untersucht werden, z. B. der interne Zins, ist eine Auflösung der Gleichung nach der Inputgröße häufiger gar nicht möglich. In diesen Fällen müssen zur Berechnung der Werte der Inputgröße numerische Verfahren (Näherungsverfahren) benutzt werden.

In der Realität werden oft viele Inputgrößen unsicher sein. So ist es z. B. keinesfalls selbstverständlich, wie in dem Beispiel unterstellt, dass die Zahlungsüberschüsse in allen Jahren im selben Maße unsicher sind. Vielmehr wird man in der Regel die Zahlungsüberschüsse in den späteren Jahren für unsicherer halten. Weiterhin wird oft auch die Laufzeit der Investition oder der Liquidationserlös mit Unsicherheit behaftet sein. In diesen Fällen muss man die Sensitivitätsanalyse auf die vielen unsicheren Inputgrößen ausdehnen, hierdurch wird der Rechenaufwand erheblich erhöht.

Der Einnahmeüberschuss setzt sich aus verschiedenen Inputgrößen zusammen. Man kann, wie in dem Beispiel, lediglich die Unsicherheit der

Einnahmeüberschüsse betrachten. Hierbei muss man überprüfen, wie stark sich die Einnahmeüberschüsse aufgrund der Unsicherheit der einzelnen Inputgrößen (Verkaufspreis, Absatzmenge, laufende Kosten) ändern. Alternativ kann aber auch eine Sensitivitätsanalyse für die einzelnen Einflussgrößen auf den Verkaufspreis durchgeführt werden.

Nachfolgend werden einige Anmerkungen zur Beurteilung der Konzeption der Sensitivitätsanalyse angeführt:

Die Sensitivitätsanalyse

- gibt einen Überblick, wie stark die vorhandene Unsicherheit sich auf die Ergebnisse der Investition auswirkt.

- geht auf die Wahrscheinlichkeiten für die verschiedenen Ergebnisse nicht ein.

- bietet eine Entscheidungshilfe, aber keine Anleitung, wie man sich entscheiden soll.

# 6.4 Anwendung der Entscheidungstheorie

Für die weiteren Betrachtungen wird davon ausgegangen, dass es verschiedene Investitionsmöglichkeiten $a_1$ bis $a_n$ gibt. Wenn man eine Investition untersucht, liegen mindestens zwei Alternativen vor, denn die Möglichkeit, nicht zu investieren, ist auch immer eine Alternative. Außerdem wird davon ausgegangen, dass mehrere verschiedene Umweltzustände möglich sind, die nachfolgend mit $z_i$ bezeichnet werden. In der Entscheidungstheorie lernt man, dass man nun eine Ergebnismatrix aufstellen kann, die die folgende Gestalt hat:

|       | $z_1$    | $z_2$    | ...  | $z_n$    |
|-------|----------|----------|------|----------|
| $a_1$ | $e_{11}$ | $e_{12}$ | ...  | $e_{1n}$ |
| $a_2$ | $e_{21}$ | $e_{22}$ | ...  | $e_{2n}$ |
| ...   | ...      | ...      | ...  | ...      |
| $a_m$ | $e_{m1}$ | $e_{m2}$ | ...  | $e_{mn}$ |

Die Werte in der Matrix ($e_{ij}$) stehen für die einzelnen Ergebnisse, die sich für die Alternative i bei dem Umweltzustand j ergeben. Wenn man für eine Investition alle möglichen Umweltzustände und Handlungsalternativen sowie die zugehörigen Ergebniswerte ermitteln kann, kann man eine Ergebnismatrix für die Investition aufstellen. Man kann nun die ganz normalen Methoden der Entscheidungstheorie anwenden. Befriedigende Ergebnisse liefern diese Verfahren allerdings nur für Entscheidungen unter Risiko, dies sind Entscheidungssituationen, bei denen auch die Wahrscheinlichkeiten für die verschiedenen Umweltzustände gegeben sind. Hierbei ist es egal, ob es sich um **objektive** oder um **subjektive Wahrscheinlichkeiten** handelt. Es ist also auch in Ordnung, wenn der Entscheidungsträger die Wahrscheinlichkeiten selbst schätzt.

Als besonders einfaches Entscheidungskriterium unter Risiko ist das $\mu$-Kriterium (Bayes-Regel) zu nennen. Hierbei werden die Erwartungswerte der verschiedenen Alternativen bestimmt. Die Entscheidung fällt dann zugunsten der Alternative mit dem höchstem Erwartungswert. Diese Entscheidungsregel impliziert allerdings Risikoneutralität des Entscheidungsträgers.

Beliebige Risikoeinstellungen des Entscheidungsträgers sind mit Entscheidungen nach dem Bernoulli-Prinzip vereinbar. Die Risikoeinstellung fließt hierbei durch die Risiko-Nutzen-Funktion des Entscheidungsträgers in die Entscheidung mit ein. Das Bernoulli-Prinzip stellt das bedeutendste Kriterium für Entscheidungen unter Risiko dar.

Schließlich seien auch noch die μσ-Regeln genannt. Bei diesen Regeln wird versucht, das Risiko über die Standardabweichung σ zu berücksichtigen.

An dieser Stelle wird nicht näher auf die verschiedenen Verfahren eingegangen, denn diese sind Gegenstand der Entscheidungstheorie.[1]

Voraussetzung für die zuvor beschriebene Anwendung der Entscheidungstheorie ist, dass man die Verteilung für die **Outputgröße**, z.B. den Kapitalwert, kennt. Man muss also wissen, welche Werte für den Kapitalwert möglich sind und mit welcher Wahrscheinlichkeit sie eintreten. Man wird aber in der Regel nur bestimmte Erwartungen für die Inputgrößen haben. Das heißt, man würde z.B. bestimmte Wahrscheinlichkeiten für die verschiedenen möglichen Absatzmengen, Verkaufspreise, Liquidationserlöse usw. schätzen. Wie man aus diesen Verteilungen für die Inputgrößen eine Verteilung für die Outputgröße erhält, beschreibt die nachfolgend behandelte Risikoanalyse. Wenn man eine Verteilung für die Outputgröße ermittelt hat, können zur Entscheidungsfindung wieder die zuvor angerissenen Verfahren der Entscheidungstheorie benutzt werden.

---

1: Eine ausführliche Darstellung der Verfahren findet sich z.B. in: Dörsam, Peter (2001): Grundlagen der Entscheidungstheorie

# 6.5  Risikoanalyse

Ziel der Risikoanalyse ist es, aus den Wahrscheinlichkeitsverteilungen der Inputgrößen eine Wahrscheinlichkeitsverteilung der Outputgröße zu ermitteln. Die gefundene Verteilung der Outputgröße kann dann die Basis für die Anwendung von Entscheidungskriterien sein, wie sie im vorherigen Abschnitt kurz vorgestellt wurden.

Es ist keinesfalls so leicht, wie es vielleicht zunächst scheinen mag, aus den Verteilungen der Inputgrößen eine Verteilung der Outputgröße herzuleiten. Die analytische Behandlung des Problems[1] ist recht kompliziert und restriktiv. Deswegen wird zumeist eine **Simulation** angewendet. Hierbei werden per Zufall Datensätze für die Inputdaten erzeugt, aus denen man dann jeweils die Outputgröße berechnet. Man nennt ein derartiges Produzieren von Zufallsdaten auch eine **Monte-Carlo-Simulation**.

Für die weiteren Betrachtungen sei angenommen, dass die relevante Outputgröße der Kapitalwert ist. Es könnten aber auch andere Outputgrößen, z. B. die Annuitäten, betrachtet werden. Die einzelnen Schritte des Verfahrens werden nachfolgend beschrieben:

1)  Es werden die für unsicher gehaltenen **Inputgrößen ausgewählt** (z.B. Verkaufspreise, Absatzmengen, laufende Betriebsausgaben, Nutzungsdauer usw.).

2)  Für die unsicheren Inputgrößen wird eine **Wahrscheinlichkeitsverteilung aufgestellt**. Wenn man nicht schon Wahrscheinlichkeiten kennt, muss man diese schätzen, auf diese Weise erhält man subjektive Wahrscheinlichkeiten. Objektive Wahrscheinlichkeiten erhält man beispielsweise, wenn die Wahrscheinlichkeiten aus statistischen Daten (z. B. über die Laufzeiten vergleichbarer Anlagen) geschätzt werden. Für das Aufstellen der Wahrscheinlichkeiten muss man unterscheiden, ob es sich um diskrete oder stetige (kontinuierliche) Inputgrößen handelt. Bei diskreten Größen sind nur einige bestimmte Werte möglich. Es sei z. B. die Inputgröße Verkaufspreis[2] betrachtet;

---

1: Analytisch bedeutet, dass ein formeller Zusammenhang zwischen den Verteilungen der Inputgrößen und der Verteilung der Outputgröße hergestellt wird, mit dem man dann die Verteilung der Outputgröße berechnen kann.

2: Die nachfolgend beschriebene Unsicherheit über die Verkaufspreise der produzierten Produkte könnte z. B. von der Unsicherheit über den Konkurrenzdruck auf dem Markt herrühren. Wenn zusätzliche Firmen auf den Markt kommen, wenn man für die Produkte beliebige Verkaufspreise aus dem Intervall von 1400,- EUR bis 2800,- EUR für möglich hält, handelt es sich um eine stetige Inputgröße. Wenn die Marketingabteilung hingegen nur die Preise 1499,- EUR, 1999,- EUR und 2499,- EUR akzeptiert, so handelt es sich bei dem Verkaufspreis um eine diskrete Größe. Bei einer diskreten Inputgröße ordnet man den einzelnen Werten bestimmte Wahrscheinlichkeiten zu, hierbei ist darauf zu achten, dass die Summe aller Wahrscheinlichkeiten 1 ergibt. Es sei von folgenden Wahrscheinlichkeiten ausgegangen:

| Preis | 1499,- EUR | 1999,- EUR | 2499,- EUR |
|---|---|---|---|
| Wahrscheinlichkeit | 0,2 | 0,5 | 0,3 |

Wenn es sich um eine kontinuierliche Inputgröße handelt, müssen Wahrscheinlichkeit für bestimmte Intervalle angegeben werden. Eine Wahrscheinlichkeitsverteilung könnte z. B. folgendermaßen aussehen:

| Preis | Wahrscheinlichkeit |
|---|---|
| 1400,- EUR bis unter 1700,- EUR | 0,04 |
| 1700,- EUR bis unter 2000,- EUR | 0,24 |
| 2000,- EUR bis unter 2200,- EUR | 0,39 |
| 2200,- EUR bis unter 2500,- EUR | 0,27 |
| 2500,- EUR bis unter 2800- EUR | 0,06 |

Wie man die Intervalle bildet, muss man sich überlegen. Die angeführten Wahrscheinlichkeiten sind natürlich nur eine Möglichkeit für eine Wahrscheinlichkeitsverteilung. Immer muss allerdings die Summe aller Wahrscheinlichkeiten 1 ergeben.

Wenn subjektive Wahrscheinlichkeiten gebildet werden müssen, kann man sich Gewichtsfaktoren zu Hilfe nehmen, hierbei gibt man einer der Klassen (oder bei diskreten Werten einem bestimmten Wert) das Gewicht 1. Für die anderen Klassen (oder Werte) überlegt man sich dann, für wie wahrscheinlich man sie im Verhältnis einschätzt. Hält man sie z. B. für doppelt so wahrscheinlich, erhalten sie

---

lassen sich nur niedrigere Verkaufspreise realisieren usw. Denkbar wäre aber auch, dass die erwarteten Verkaufspreise davon abhängen, wie gut die Preisabsprachen mit den Konkurrenten funktionieren.

das Gewicht 2. Die Wahrscheinlichkeiten erhält man, indem man schließlich jedes Gewicht durch die Summe aller Gewichte teilt.

3) Die **Datensätze werden generiert.** Mit einem Zufallsmechanismus werden Daten für die unsicheren Inputgrößen erzeugt. Jeder Computer und viele Taschenrechner können Zufallszahlen produzieren. Mit diesen Zufallszahlen bestimmt man dann Werte für die Inputgrößen. Für das vorherige Beispiel wird nachfolgend eine derartige Zuordnung angeführt. Für den diskreten Fall ergibt sich:

Zufallszahlen stammen in der Regel aus dem Intervall von 0 bis 0,999. Hierbei wurde unterstellt, dass die Zufallszahlen 3 Nachkommastellen haben. Man kann nun folgende Zuordnung machen:

| Preis | 1499,- EUR | 1999,- EUR | 2499,- EUR |
|---|---|---|---|
| Wahrscheinlichkeit | 0,2 | 0,5 | 0,3 |
| Zufallszahl | 0 - 0,199 | 0,2 - 0,699 | 0,7 - 0,999 |

Wenn sich z. B. eine Zufallszahl von 0,356 ergibt, wählt man einen Preis von 1.999,- EUR usw.

Für den stetigen Fall kann man analog zunächst den verschiedenen Intervallen Zufallszahlen zuordnen. Anschließend muss man aber auch noch aus den Zufallszahlen konkrete Werte aus dem Intervall berechnen. In der folgenden Tabelle ist dies dargestellt:

| Preis | Wahrsch. | Zufallszahl (z) | Wert |
|---|---|---|---|
| 1400,- bis unter 1700,- | 0,04 | 0 - 0,039 | $z * \frac{300}{0,04} + 1400$ |
| 1700,- bis unter 2000,- | 0,24 | 0,04 - 0,279 | $(z-0,04) * \frac{300}{0,24} + 1700$ |
| 2000,- bis unter 2200,- | 0,39 | 0,28 - 0,669 | $(z-0,28) * \frac{200}{0,39} + 2000$ |
| 2200,- bis unter 2500,- | 0,27 | 0,67 - 0,939 | $(z-0,67) * \frac{300}{0,27} + 2200$ |
| 2500,- bis unter 2800- | 0,06 | 0,94 - 0,999 | $(z-0,94) * \frac{300}{0,06} + 2500$ |

Bei den Brüchen steht jeweils im Zähler die Intervallbreite und im Nenner die Wahrscheinlichkeit des Intervalls. Die Zufallszahl 0,751 liegt z. B. im vorletzten Intervall, so dass sich folgender Wert ergibt:

$$(0,751 - 0,67) * \frac{300}{0,27} + 2.200 = 2.290$$

In diesem Fall erhält man also einen Preis von 2.290,- EUR.

So wie zuvor beschrieben muss für jede unsichere Inputgröße eine Zufallszahl und aus dieser ein Wert für die Inputgröße ermittelt werden.

4) Mit dem zuvor bestimmten Datensatz für die unsicheren Inputgrößen und den Werten für die sicheren Inputgrößen **berechnet man den Kapitalwert**.

5) Die **Schritte 3 und 4 werden wiederholt**, bis man die Wahrscheinlichkeitsverteilung des Kapitalwertes relativ stabil schätzen kann.

6) Die **relativen Häufigkeiten** für den Kapitalwert werden ermittelt. Hierzu teilt man den Bereich zwischen dem größten und dem kleinsten Kapitalwert in mehrere Intervalle auf und ermittelt, wie häufig Kapitalwerte aus dem entsprechenden Intervall aufgetreten sind.

Man kann die Wahrscheinlichkeiten für die Intervalle nun näherungsweise den Klassenmitten zuordnen und erhält auf diese Weise quasi verschiedene „Umweltzustände" mit den zugehörigen Wahrscheinlichkeiten. Auf diese Werte kann man nun die Methoden der Entscheidungstheorie anwenden, wie sie im vorherigen Abschnitt beschrieben wurden.

An dieser Stelle sei angemerkt, dass man eine Risikoanalyse in aller Regel mit einem Computerprogramm berechnen wird. Um eine stabile Verteilung zu schätzen, benötigt man sicherlich 100 oder mehr Datensätze, der Rechenaufwand ohne Computer wäre gigantisch.

Nachfolgend wird eine Einschätzung zum Stellenwert der Risikoanalyse angeführt:

- Die Risikoanalyse liefert eine Wahrscheinlichkeitsverteilung für die betrachtete Outputgröße. Dadurch macht sie das mit dem Investitionsprojekt verbundene Risiko transparent.

- Die Risikoanalyse sagt einem noch nicht, wie man sich entscheiden soll, aber sie bildet die Basis für die Anwendung von Entscheidungskriterien wie dem Bernoulli-Prinzip und $\mu\sigma$-Regeln.

- Mittels der Risikoanalyse können auch sehr komplexe Situationen mit sehr vielen unsicheren Inputfaktoren und Abhängigkeiten zwischen diesen erfasst werden.

# 6.6   Portefeuille-Ansatz

## 6.6.1 Grundlagen

Bei den bisherigen Betrachtungen wurde davon ausgegangen, dass man nur eine Investition durchführt. Falls die Betrachtungen auch auf die Durchführung mehrerer Investitionen ausgedehnt wurden, wurde der nachfolgend angeführte Aspekt vernachlässigt.

Der klassische Fall für die Durchführung von mehreren Investitionen ist die Investition in Wertpapiere (Aktien/Anleihen). Ein Bestand an mehreren Wertpapieren wird auch Portefeuille genannt. Nun ist es bei diesem Portefeuille nicht etwa so, dass sich die Risiken der einzelnen Wertpapiere einfach addieren, vielmehr können sie sich sogar gegenseitig auslöschen. Es sei z. B. angenommen, es stehen die Aktien von Philip Morris, einem Tabakkonzern, und von der Firma Smokeex, die Nikotintabletten für Raucher in der Entwöhnungsphase herstellt, zur Auswahl. Aufgrund der sich zuspitzenden Debatte um das Rauchen wird eine deutlich geänderte Gesetzgebung bezüglich des Rauchens für möglich gehalten. In der nachfolgenden Tabelle sind die Daten zusammengefasst:

|  | es bleibt alles beim Alten | es wird ein Kompromiss beschlossen | es kommt ein scharfes Anti-Raucher-Gesetz |
|---|---|---|---|
| Wahrscheinlichkeit | 0,1 | 0,7 | 0,2 |
| Philip Morris | 20% | 9% | -20% |
| Smokeex | -22% | 0% | 58% |

In der Tabelle sind die verschiedenen möglichen Aktionen (Umweltzustände) und die hierfür geschätzten Wahrscheinlichkeiten angegeben. Außerdem sind für die beiden Aktien die sich jeweils ergebenden Renditen eingetragen. Wenn man nun sein ganzes Geld in eine der Aktien steckt, geht man ein deutliches Risiko ein. Wie sieht es aus, wenn man sein Kapital auf beide Aktien verteilt? Nachfolgend sind die Renditen des Portefeuilles für den Fall, dass man jeweils die Hälfte des Kapitals in die einzelnen Aktien steckt, und für den Fall, dass man $\frac{2}{3}$ des Geldes in Philip Morris Aktien und $\frac{1}{3}$ in Smokeex Aktien steckt, ausgerechnet worden.

| | es bleibt alles beim Alten | es wird ein Kompromiss beschlossen | es kommt ein scharfes Anti-Raucher-Gesetz |
|---|---|---|---|
| $\frac{1}{2}$ PM $+ \frac{1}{2}$ S | $\frac{1}{2}$ 20% $+ \frac{1}{2}$ (−22%) <br> $= -1\%$ | $\frac{1}{2}$ 9% $+ \frac{1}{2}$ 0 <br> $= 4,5\%$ | $\frac{1}{2}$ (−20%) $+ \frac{1}{2}$ 58 <br> $= 19\%$ |
| $\frac{2}{3}$ PM $+ \frac{1}{3}$ S | $\frac{2}{3}$ 20% $+ \frac{1}{3}$ (−22%) <br> $= 6\%$ | $\frac{2}{3}$ 9% $+ \frac{1}{3}$ 0 <br> $= 6\%$ | $\frac{2}{3}$ (−20%) $+ \frac{1}{3}$ 58 <br> $= 6\%$ |

Im zweiten Fall ergibt sich für alle Umweltzustände eine Rendite von 6%, es ist somit gelungen, durch eine geschickte Mischung der Aktien eine risikolose Anlage zu generieren. Die Rendite von 6% ist nicht nur risikolos, sondern sie ist auch höher als die erwartete Rendite, die sich ergeben hätte, wenn man das ganze Geld in Philip Morris Aktien angelegt hätte (4,3%).

Natürlich ist es in aller Regel nicht möglich, das Risiko eines Portefeuilles, wie in dem Beispiel, auf Null zu bringen.[1] Aber oft wird es möglich sein, das Risiko zumindest in einem gewissen Rahmen zu senken. Andererseits ist natürlich auch der Fall denkbar, dass die betrachteten Aktien das gleiche Risiko bergen; wenn man z. B. für die betrachteten Umweltzustände zwei verschiedene Tabakkonzerne zur Auswahl gehabt hätte, wäre es nicht möglich gewesen, das Risiko der strengeren Gesetzgebung zu reduzieren, denn diese würde beide Tabakkonzerne gleichermaßen treffen.

---

1: Außerdem ist zu berücksichtigen, dass die Ergebnisse für die Zukunft Schätzungen sind, es kann also nicht gelingen, das Risiko tatsächlich auf Null zu reduzieren. In der konkreten Anwendung der Portefeuille-Theorie werden zumeist die Korrelationen der betrachteten Wertpapiere aus den Daten der Vergangenheit geschätzt. Auch hier entsteht ein Risiko, denn die Korrelationen können sich im Zeitablauf ändern.

## 6.6.2 Covarianz und Korrelation

Zur Lösung von Portefeuille-Problemstellungen werden $\mu\sigma$-Regeln benutzt; diese basieren auf dem Erwartungswert $\mu$ und der Standardabweichung $\sigma$[1] der Wertpapiere. Entscheidend für die Bewertung eines Portefeuilles ist nun der gemeinsame Erwartungswert und die gemeinsame Standardabweichung der Wertpapiere.

Für ein einzelnes Wertpapier erhält man den Erwartungswert $\mu$ und die Varianz (die Varianz ist das Quadrat der Standardabweichung) folgendermaßen:

$$\mu = \sum_{j=1}^{n} p_j * r_j$$

$$Var = \sigma^2 = \sum_{j=1}^{n}(p_j*(r_j-\mu)^2) = \sum_{j=1}^{n}(p_j*r_j^2) - \mu^2$$

„p" gibt hierbei die Wahrscheinlichkeit für den jeweiligen Umweltzustand j an und „r" steht für die jeweilige Rendite. Zur Berechnung von „$\sigma^2$" können die beiden angeführten Formeln verwendet werden.

Für ein Portefeuille aus zwei Wertpapieren (A und B) ergibt sich der gemeinsame Erwartungswert $\mu_P$ und die gemeinsame Varianz $\sigma_P^2$ folgendermaßen[2]:

$$\mu_P = a * \mu_A + (1-a) * \mu_B$$
$$\sigma_P^2 = a^2 * \sigma_A^2 + (1-a)^2 * \sigma_B^2 + 2\,a*(1-a)*\sigma_{AB}$$

a stellt hierbei den Anteil des Wertpapiers A am Portefeuille dar. Entsprechend ist (1-a) der Anteil des Wertpapiers B. „$\sigma_{AB}$" ist die **Kovarianz** der beiden Wertpapiere. Werden nachfolgend die einzelnen Renditen der Wertpapiere für die möglichen Umweltzustände mit $r_{Aj}$ und $r_{Bj}$ bezeichnet, so gilt für die Kovarianz:

$$\sigma_{AB} = cov_{AB} = \sum_{j=1}^{n}((r_{Aj}-\mu_A)(r_{Bj}-\mu_B)*p_j)$$

Da die Kovarianz nicht normiert ist, kann man an ihrer Größe nicht ablesen, wie stark der Zusammenhang zwischen den Ergebniswerten der

1: Details zu $\mu$ und $\sigma$ finden sich in Statistikbüchern oder auch Titeln zur Entscheidungstheorie. $\mu\sigma$-Regeln sind auch in dem Titel „Grundlagen der Entscheidungstheorie anschaulich dargestellt" relativ ausführlich dargestellt.

2: Statt die Anteile mit a und (a-1) zu bezeichnen, ist es auch üblich, diese mit $x_A$ und $x_B$ anzugeben. Es gilt dann weiterhin $x_A + x_B = 1$.

Wertpapiere ist. Eine normierte Größe erhält man, indem man die Kovarianz durch die beiden Standardabweichungen teilt. Die sich hierbei ergebende Größe nennt man den **Korrelationskoeffizienten** ($\rho$, gesprochen: Rho).

$$\rho_{AB} = \frac{\sigma_{AB}}{\sigma_A * \sigma_B}$$

Der Korrelationskoeffizient kann Werte zwischen $-1$ und $1$ annehmen. Bei einem Wert von 1 sind die Wertpapiere vollkommen positiv und bei einem Wert von $-1$ vollkommen negativ[1] korreliert. Bei einem Wert von 0 besteht zwischen den Wertpapieren keine Korrelation.

Die Formel für die Portefeuillevarianz kann mittels des Korrelationskoeffizienten auch folgendermaßen geschrieben werden[2]:

$$\sigma_P^2 = a^2 * \sigma_A^2 + (1-a)^2 * \sigma_B^2 + 2\,a*(1-a)*\sigma_A*\sigma_B*\rho_{AB}$$

# 6.6.3 Portefeuillelinie

Wenn man für das Mischungsverhältnis (a) einen bestimmten Wert vorgibt, kann man die zugehörigen Werte für $\mu_P$ und $\sigma_P$ berechnen. Den sich ergebenden Punkt ($\mu_P|\sigma_P$) kann man in ein $\mu\sigma$-Diagramm[3] eintragen. Man kann für verschiedene Mischungsverhältnisse die entsprechenden Punkte berechnen und in ein $\mu\sigma$-Diagramm einzeichnen. Die Menge aller möglichen Punkte, die so entstehen, nennt man **Portefeuillelinie**. Abhängig von der Korrelation können nun einige Spezialfälle für den Verlauf der Portefeuillelinie untersucht werden:

**1) $\rho = 1$ / vollkommene positive Korrelation**

In diesem Fall ergibt sich:

$$\sigma_P^2 = a^2 * \sigma_A^2 + (1-a)^2 * \sigma_B^2 + 2\,a*(1-a)*\sigma_A*\sigma_B$$
$$\Leftrightarrow \sigma_P^2 = (a * \sigma_A + (1-a) * \sigma_B)^2$$

Die Umformung entspricht gerade einer Binomischen Formel. Zum Nachrechnen löst man am besten bei dem unteren Ausdruck die Klammer wieder auf. Aus der unteren Gleichung kann man nun noch die Wur-

---

1: Bei dem Eingangsbeispiel mit den Wertpapieren von Philip Morris und Smokeex betrug die Korrelation z. B. $-1$.

2: Denn es gilt: $\sigma_A * \sigma_B * \rho_{AB} = \sigma_{AB}$

3: Bei den nachfolgend dargestellten $\mu\sigma$-Diagrammen ist $\mu$ auf der x-Achse und $\sigma$ auf der y-Achse abgetragen. In einigen Abhandlungen ist die Darstellung andersherum, also $\mu$ auf der y-Achse und $\sigma$ auf der x-Achse.

zel ziehen[1]:

$$\Rightarrow \sigma_P = a * \sigma_A + (1-a) * \sigma_B$$

Somit ergibt sich in diesem Fall die Standardabweichung des Porte-feuilles als gewichtetes Mittel der einzelnen Standardabweichungen. Die Berechnung ist also analog der Berechnung des Erwartungswertes als gewichtetes Mittel der einzelnen Erwartungswerte.

Die verschiedenen Portefeuilles, die sich in diesem Fall durch die Varia-tion des Mischungsanteils a erreichen lassen, liegen alle auf einer Geraden, die die Punkte für A und B im $\mu\sigma$-Dia-gramm verbindet. Durch die Mischung der Wertpapiere A und B können also alle Portefeuilles, die auf der nebenste-hend dargestellten Geraden liegen, er-reicht werden. Entsprechend ist diese Gerade die Portefeuillelinie.

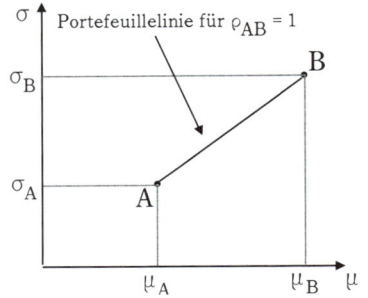

## 2) $\rho = -1$ / vollkommene negative Korrelation

In diesem Fall ergibt sich:

$$\sigma_P^2 = a^2 * \sigma_A^2 + (1-a)^2 * \sigma_B^2 - 2\,a*(1-a)*\sigma_A*\sigma_B$$

$$\Leftrightarrow \sigma_P^2 = (a * \sigma_A - (1-a) * \sigma_B)^2$$

$$\Rightarrow \sigma_P = a * \sigma_A - (1-a) * \sigma_B$$

Man kann erkennen, dass es eine Mi-schung a gibt, für die die Standardab-weichung des Portefeuilles Null wird. In der nebenstehenden Zeichnung wurde dieser Punkt (C) eingezeichnet.

Im Falle von vollständiger negativer Korrelation ist es also stets möglich, ein Mischungsverhältnis zu finden, für das das Risiko Null wird. Da für die In-

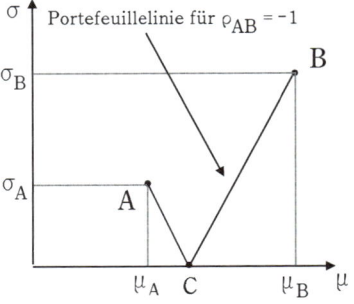

vestoren ein risikoscheues Verhalten unterstellt wurde, kann man wei-terhin folgern, dass der Abschnitt der Portefeuillelinie zwischen A und C für die Entscheidung irrelevant ist, denn im Punkt C ist der Erwartungs-wert höher und die Streuung niedriger als bei allen anderen Punkten auf

---

1:  Da die Standardabweichung nicht negativ sein kann, wird nur die positive Wurzel gezogen.

der Geraden $\overline{AC}$.

**3) -1 < ρ < 1**

Die Portefeuillelinie verläuft in diesen Fällen zwischen den Portefeuille-linien der beiden zuvor betrachteten Extremfälle. Die Portefeuillelinien ver-laufen in der nebenstehenden Graphik also innerhalb des eingezeichneten Dreiecks. Wenn ρ sehr nahe bei 1 liegt, so laufen sie „oben" im Dreieck, wenn ρ nahe bei -1 liegt, kommen sie dem Punkt C recht nahe. Ein möglicher Ver-lauf für die Portefeuillelinie ist in der Zeichnung dargestellt.

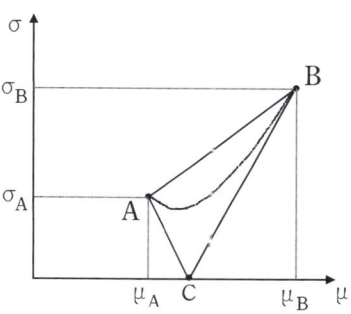

## 6.6.4 Das optimale Portefeuille

Optimal ist für den Investor das Portefeuille, bei dem sich für ihn der höchste Präferenzwert ergibt. Man kann außer der Portefeuillelinie auch Indifferenzlinien in der Zeichnung darstellen. Entlang einer Indifferenzli-nie ergibt sich ein konstanter Präfe-renzwert. In der nebenstehenden Zeichnung sind einige mögliche Präferenzlinien eingezeichnet wor-den. In diesem Fall sind die Präfe-renzlinien Geraden, dies muss im Allgemeinem aber nicht der Fall sein. Indifferenzlinien, die weiter rechts im $\mu\sigma$-Diagramm liegen, ha-ben einen höheren Präferenzwert,

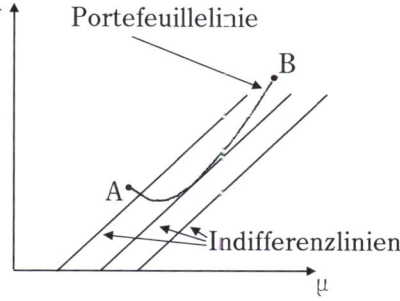

denn diese erreichen bei gleichem $\sigma$ einen höheren Erwartungswert.

Durch die Mischung der Wertpapiere lassen sich alle Punkte auf der Portefeuillelinie realisieren. Optimal ist der Punkt, bei dem sich der

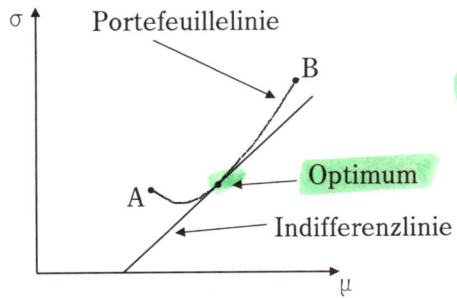

höchste Präferenzwert ergibt, also der Punkt, der auf der am weitesten rechts liegenden Indifferenzlinie liegt. Nebenstehend ist dieser Punkt eingezeichnet. Man kann also festhalten, dass der Tangentialpunkt zwischen der Portefeuillelinie und einer Indifferenzlinie das Optimum darstellt.

In der Regel wird in der Portefeuille-Theorie unterstellt, dass der Investor risikoscheu ist. Für einen risikoscheuen Investor kann nur der Abschnitt der Portfeuillelinie, der rechts von ihrem Minimum liegt, sinnvoll sein, denn auf dem Abschnitt links vom Minimum kann man den Erwartungswert erhöhen und gleichzeitig die Streuung reduzieren. Man nennt den Abschnitt rechts vom Minimum die Menge der **effizienten Portefeuilles**. Nebenstehend ist die Menge der effi-

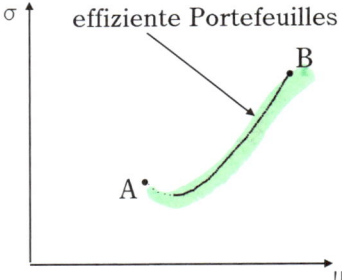

zienten Portefeuilles mittels einer durchgezogenen Linie dargestellt.

# 7   Aufgaben
## 7.1   Allgemeine Aufgaben

### 1.A

Es wird ein Kredit zu folgenden Konditionen angeboten:

| | |
|---|---|
| Kreditsumme: | 100.000 EUR |
| Disagio: | 5% |
| Laufzeit: | 10 Jahre |
| Nominalzins: | 8% |
| Tilgung: | Annuitätische Rückzahlung in 10 gleichen Jahresraten (Zinsen und Tilgung) ab Ende des 1. Jahres |

Wie hoch ist der interne Zinsfuß des Kredites? (verlangte Genauigkeit: 2 Stellen hinter dem Komma).

**1.B** Der ehemalige Politikstudent Helmut Kohl ist als Politiker reich geworden. Er stiftet seiner alten Uni einen Betrag von 100.000 EUR, welcher ab 1.1.1997 zu 8% p.a. mit Zinsen und Zinseszinsen angelegt wird. Aus dem wachsenden Stiftungskapital soll erstmalig ein Stipendium gezahlt werden, wenn die einfachen Jahreszinsen einen Betrag von 12.000 EUR erreichen oder überschreiten. Diese Zinsen sollen dann als jährliches Stipendium vergeben werden.

a)   Wann kann erstmalig ein Stipendium gezahlt werden (in ganzen Jahren gerechnet)?

b)   Wie groß ist das Stipendium?

**1.C** In einer Werbung für Finanzierungsschätze des Bundes heißt es: "Für 865,33 EUR erhalten Sie nach zwei Jahren 1.000 EUR zurück." Wie hoch ist die Rendite (interner Zinsfuß) des Anlegers?

**1.D** Man hat für ein Investitionsprojekt folgende Zahlungen erhoben:

| 0 | 1 | 2 | 3 | 4 | 5 | 6 | 7 | 8 | 9 |
|---|---|---|---|---|---|---|---|---|---|
| −12.000 | 2.500 | 2.500 | 2.500 | 2.500 | 2.500 | 2.500 | 2.500 | 2.500 | 2.500 |

a)   Ermitteln Sie den internen Zins ($14 \leq r \leq 15$).

b)  Ermitteln Sie Kapitaldienst-, Einzahlungsüberschuss- und Gewinnannuität; i = 0,1.

c)  Es sei angenommen, dass der Investor ein Anfangsvermögen von 12.000 EUR hat, die Investition also mit eigenen Mitteln finanziert.

c1) Über welches Endvermögen verfügt der Investor in diesem Fall, wenn er die Gewinnannuität für Konsumzwecke entnimmt?

c2) Welche jährliche Entnahme für Konsumzwecke ist möglich, wenn das Endvermögen EUR 12.000 betragen soll?

**1.E** Erläutern Sie genau, weshalb der Kapitalwert als „Wert" einer Kapitalanlagemöglichkeit aufzufassen ist.

**1.F** In den USA emitiert ein namhafter Automobilhersteller Dollaranleihen mit folgenden Konditionen:

| | |
|---|---|
| Rückzahlungskurs: | 10.000 $ |
| Nominalverzinsung: | 0% (Zerobonds) |
| Laufzeit: | 16 Jahre |
| Tilgung: | am Ende der Laufzeit |
| Ausgabekurs: | 2.500 $ |

Wie hoch ist die effektive Verzinsung der Anleihe?

**1.G** Ein Kredit in Höhe von 1.000.000 EUR soll in zwölf Jahren bei einer Verzinsung von 10% annuitätisch verzinst und getilgt werden.

a)  Es ist der Tilgungsplan für die ersten drei Jahre aufzustellen!

b)  Nach Ablauf von drei Jahren wird der Zinssatz auf 8% gesenkt. Wie verändert sich die Annuität, wenn die Tilgungsdauer gleich bleibt?

**1.H** Die Einrichtung einer Fabrikanlage erfordert eine Investitionssumme von 5 Mio. EUR. Diese Investition könnte mit einem Kredit zu 9% bei annuitätischer Verzinsung und Tilgung finanziert werden.

Maximal könnte der Investor diesen Kredit aber nur mit einer Annuität von 750.000 EUR bedienen. Ermitteln Sie die kürzestmögliche Kreditlaufzeit (auf volle Jahre gerechnet)! Wie hoch ist die Annuität bei dieser Laufzeit?

# 7.2 Wahlproblem

**2.A** Sie haben die Wahl zwischen zwei Investitionsalternativen:

A: Kauf eines festverzinslichen Wertpapiers mit einer Laufzeit von 10 Jahren.

Ausgabekurs:      100%
Nominalzins:       8% p.a.
Rückzahlungskurs: 100%

B: Kauf einer 50,-EUR-Aktie zu einem Ausgabekurs von EUR 140,- pro Aktie. Für die nächsten zehn Jahre wird durchgehend eine Dividende von EUR 6,- pro Aktie und Jahr erwartet.

Angenommen, die Dividendenerwartung tritt tatsächlich ein: Bei welchem Kurswert (KW) der Aktie nach Ablauf der 10 Jahre erbringen die Alternativen A und B die gleiche Verzinsung?

**2.B** Die dynamischen Methoden der Investitionsrechnung können beim Wahlproblem zu unterschiedlichen Ergebnissen führen. Erläutern Sie, warum dies der Fall sein kann.

**2.C** Die Firma Regen & Matsch GmbH & Co. KG stellt Regenschirme her. Da der Absatz sehr rückläufig ist, sollen zusätzlich Sonnenschirme in das Produktionsprogramm aufgenommen werden.

Die Produktionsanlagen, die durch die Regenschirme nicht mehr genutzt werden, könnten auf Sonnenschirme umgerüstet werden (Alternative A).

Im Falle des Verkaufs dieser alten Anlagen wäre eine neue Anlage zu beschaffen (Alternative B).

Es gelten folgende Daten:

Alternative A
Liquidationserlös:         150.000
Umrüstkosten:               50.000
Lebensdauer:                5 Jahre
sonst. fixe Kosten/Jahr:     6.000
variable Stückkosten ($k_v$):    60

Alternative B

| | |
|---|---|
| Anschaffungsausgabe: | 440.000 |
| Lebensdauer: | 8 Jahre |
| sonst. fixe Kosten/Jahr: | 2.000 |
| variable Stückkosten ($k_v$): | 40 |

Der kalkulatorische Zins beträgt für beide Alternativen 10%.

a)   Ermitteln Sie auf der Basis der Annuitätenmethode für eine jährlich erwartete Ausbringungsmenge von 1.000 Sonnenschirmen, für welche Alternative Sie sich entscheiden würden.

b)   Bei welcher Ausbringungsmenge wären beide Alternativen hinsichtlich ihrer Annuitäten kostengleich?

**2.D**   Ein Investor möchte 80.000 EUR investieren. Es existieren ausschließlich folgende Investitionsmöglichkeiten innerhalb des zu betrachtenden Zeitraumes von 3 Jahren:

a)   Finanzinvestitionen von jeweils einjähriger Dauer. Die Verzinsung beträgt bei einer Anlage von mindestens 50.000 EUR jährlich 10%. Andernfalls beträgt sie nur 7%.

b)   Sachinvestitionen mit folgender Zahlungsreihe:

$-80.000_0$        $+30.000_1$   $+28.000_2$   $+41.000_3$

Zeigen Sie rechnerisch, wie der Investor sein Kapital investieren soll.

**2.E**   Der Ehemann A wurde von seiner Ehefrau B mit einem kleinen Zinshaus abgefunden. Da ein Zinshaus und die damit verbundene Arbeit nicht mit der Lebensphilosophie von A zu vereinbaren sind, beabsichtigt er, das Haus zu verkaufen. Ein befreundeter Makler offeriert A drei alternative Kaufangebote:

I:   Sofortige Zahlung von EUR 500.000,

II:   EUR 50.000 sofortige Anzahlung, je EUR 300.000 am Ende des 3. und 5. Jahres.

III:   Zahlung einer nachschüssigen Jahresrente in Höhe von EUR 55.000 für 15 Jahre.

Welche Alternative wird der Makler A empfehlen, wenn als Entscheidungskriterium der Kapitalwert gelten soll und für A der Kalkulationszinsfuß i=0,06 beträgt?

**2.F** Unter welchen Voraussetzungen führen die Kapitalwertmethode, die interne Zinsfußmethode und die Annuitätenmethode beim Wahlproblem zu einer tragfähigen Entscheidungsgrundlage?

Begründen Sie für die Kapitalwertmethode und für die interne Zinsfußmethode Ihre Aussage.

# 7.3 Ersatzproblem

**3.A** Es wird erwogen, eine alte, im Betrieb vorhandene Anlage durch ein neues Aggregat zu ersetzen. Die Betriebsausgaben $a_t$ und die Liquidationseinnahmen $L_t$ der alten Anlage (in EUR) mit einer Restnutzungsdauer von drei Jahren nehmen folgenden Verlauf:

| t = | 0 | 1 | 2 | 3 |
|---|---|---|---|---|
| $a_t$ | | 60.000 | 64.000 | 66.000 |
| $L_t$ | 30.000 | 19.000 | 10.000 | 0 |

Die neue Anlage kann jetzt oder später zu folgenden Daten erworben werden:

Anschaffungsausgabe: 150.000 EUR,
Lebensdauer: 5 Jahre,
jährl. Betriebsausgaben: 36.000 EUR.

Die neue Anlage würde die bestehende Produktionsaufgabe in identischer Form übernehmen. Der Kalkulationszins beträgt 10%.

Soll die alte Anlage jetzt oder zu einem späteren Termin vor Ablauf ihrer technischen Nutzungsdauer ersetzt werden?
(rechnerischer Nachweis mit Zinseszins)

**3.B** Eine Anlage A wurde vor drei Jahren für EUR 1,5 Mio erworben. Ihre Restlaufzeit beträgt zwei Jahre. Bei einem Datenvergleich mit einer neuen Anlage N zeigt sich, dass die Altanlage mit variablen Stückkosten von $k_{VA}$ = EUR 500 erheblich unwirtschaftlicher arbeitet als N mit $k_{VA}$ = EUR 300. Es ist von einer durchschnittlichen Fertigungsmenge von 600 ME pro Jahr auszugehen.

Der bilanzielle Restwert ist für A mit EUR 600.000 angegeben. Ein Interessent wäre bereit, heute (Kalkulationszeitpunkt) EUR 700.000 zu zahlen.

Der Schrottwert nach zwei Jahren wird auf EUR 50.000 geschätzt.

Die neue Anlage würde EUR 2,0 Mio kosten und eine Nutzungsdauer von 5 Jahren haben. Kalkulationszins: 8%

Weisen Sie mit der Annuitätenmethode nach, ob die Altanlage heute ersetzt werden sollte.

# 7.4 Investitionsprogramme

**4.A** Ein Unternehmen kann die nachfolgenden Investitionsprojekte durchführen und dafür die angegebenen Finanzmittel einsetzen:

| Investition Nr. | Anschaffungskosten (EUR) | Rendite (%) |
|---|---|---|
| 1 | 300.000 | 9 |
| 2 | 200.000 | 8 |
| 3 | 100.000 | 7 |
| 4 | 100.000 | 6 |

| Finanzmittelart | Volumen(EUR) | Finanzierungskosten (%) |
|---|---|---|
| EK | 200.000 | 6 |
| $FK_1$ | 250.000 | 7 |
| $FK_2$ | 250.000 | 9 |

Welche Projekte sind durchzuführen, wenn davon auszugehen ist, dass

a) die Investitionsprojekte nicht geteilt werden können, die Finanzmittel jedoch beliebig in Anspruch genommen werden können,

b) auch die Investitionsobjekte beliebig geteilt werden können?

# 8 Lösungen zu den Aufgaben

## 8.1 Allgemeine Aufgaben

**1.A** Für den Kredit von 100.000 EUR ergeben sich folgende Annuitäten:

$$100.000 * KWF_{0,08}^{10} = 14.900$$

Für den Kapitalwert aller Ein- und Auszahlungen des Kredites ergibt sich somit folgende Zahlungsreihe:

$$C_0 = 95.000 - ASF_{r=?}^{10} * 14.900$$

Da der interne Zins des Kredites gesucht ist, soll der angeführte Kapitalwert Null sein. Entsprechend gilt:

$$0 = 95.000 - ASF_{r=?}^{10} * 14.900$$

Nun könnte der Kapitalwert für zwei Probe-Zinssätze bestimmt und nachfolgend interpoliert werden. Einfacher ist es aber, zunächst die Gleichung umzuformen:

$$\Leftrightarrow ASF_{r=?}^{10} * 14.900 = 95.000$$

$$\Leftrightarrow ASF_{r=?}^{10} = \frac{95.000}{14.900} = 6,376$$

Diesen Wert sucht man nun in der Tabelle der $ASF^{10}$ und findet den Wert zwischen:

$$i = 0,09 \quad ASF_{0,09}^{10} = 6,418 \quad \text{und} \quad i = 0,1 \quad ASF_{0,1}^{10} = 6,145$$

$$r = 0,09 + \frac{6,418 - 6,376}{6,418 - 6,145} * 0,01 = 0,0915 = 9,15\%$$

Der interne Zinsfuß des Kredites beträgt also 9,15%.

## 1.B

a) Die Jahreszinsen sollen mindestens EUR 12.000 betragen. Die Jahreszinsen ergeben sich aus dem aufgezinsten Stiftungsbetrag (S) folgendermaßen:

$$0,08 * S \geq 12.000 \mid /0,08$$

$$\Leftrightarrow S \geq 150.000$$

Der Betrag muss also zunächst so lange angelegt werden, bis er auf mindestens EUR 150.000 angestiegen ist.

Es ergibt sich nach 6 Jahren ein Betrag von $100.000 * 1,08^6 = 158.687$

Das Geld muss dann aber noch ein Jahr länger liegen bleiben, denn die Zinsen auf die EUR 158.687 werden ja erst nach einem weiteren Jahr fällig. Es kann also nach 7 Jahren (zum 1.1.2004) erstmals ein Stipendium gezahlt werden.

b) Für die Höhe des Stipendiums ergibt sich:

$$158.687 * 0,08 = 12.695$$

Das Stipendium beträgt also EUR 12.695.

**1.C** Bei den Finanzierungsschätzen handelt es sich um Zero-Bonds, somit ergibt sich für die Rendite:

$$865,33 * (1 + i)^2 = 1.000 \quad | \quad /865,33$$

$$\Leftrightarrow (1 + i)^2 = 1,1556 \quad | \quad \sqrt{}$$

$$\Leftrightarrow 1 + i = 1.075 \quad | -1$$

$$\Leftrightarrow i = 0.075$$

Die Rendite beträgt 7,5%.

# 1.D

a)   Zunächst werden für 14% und 15% die Abzinsungs-Summen-Faktoren ermittelt. Aus der Tabelle ergibt sich:

$$\text{ASF}_{14}^9 = 4,946 \qquad \text{ASF}_{15}^9 = 4,772$$

Mittels der beiden Werte könnten nun die zugehörigen Kapitalwerte berechnet und anschließend zwischen diesen beiden Kapitalwerten interpoliert werden. Allerdings kann auch gleich zwischen den beiden ASF interpoliert werden. Hierbei gilt folgende Formel:

$$r = r_1 + \frac{\text{ASF}_{r_1}^n - \dfrac{a_0}{d}}{\text{ASF}_{r_1}^n - \text{ASF}_{r_2}^n} * 0,01$$

Somit ergibt sich:

$$r = 0,14 + \frac{4,946 - \dfrac{12.000}{2.500}}{4,946 - 4,772} * 0,01 = 0,1484$$

Der interne Zins beträgt also genähert 14,84%.

b) Für den Kapitaldienst ergibt sich:

$$KD = a_0 * KWF_{0,1}^9 = 12.000 * 0,174 = 2.088$$

Da bei der betrachteten Investition konstante jährliche Überschüsse vorliegen, entsprechen diese gerade dem Einzahlungsüberschuss. Es gilt also:

Einzahlungsüberschuss: EÜ = EUR 2.500

Die Gewinnannuität erhält man, indem man den Kapitalwert mit dem Kapital-Wiedergewinnungs-Faktor multipliziert oder von dem Einzahlungsüberschuss den Kapitaldienst abzieht:

$$D = 2.500 - 2.088 = 412$$

Die Gewinnannuität beträgt also EUR 412.

c) c1) Wenn der Investor die Gewinnannuität zu Konsumzwecken entnimmt, so wird ihm das eingesetzte Kapital gerade zum Kalkulationszinsfuß verzinst. Er hätte dann ein Endvermögen von $12.000 * 1,1^9 =$ 28.295. (Hierbei wurde unterstellt, dass die aus der Investition zurückfließenden Gelder zum Kalkulationszinsfuß wieder angelegt werden können.)

c2) Der Endwert von EUR 12.000 entspricht einem Barwert von

$$B = \frac{12.000}{1,1^9} = 5.089$$

Dieser Barwert entspricht wiederum jährlichen Überschüssen von
$5.089 * KWF_{0,1}^9 = 885,49$

Alles Geld, das die Investition jährlich über EUR 885,49 erbringt, kann also zu Konsumzwecken entnommen werden. Also werden EUR 885,49 von den jährlichen Einnahmeüberschüssen von EUR 2.500 benötigt, um ein Endvermögen von EUR 12.000 zu erhalten. Es könnten also EUR 2.500 - EUR 885,49 = EUR 1.614,51 jährlich entnommen werden.

**1.E** Der Kapitalwert stellt den Barwert aller mit einer Investition verbundenen Ausgaben und Einnahmen dar. Wenn der Kapitalwert Null ist, so entspricht der Barwert der Einnahmen dem Barwert der Ausgaben, die Investition erwirtschaftet gerade den Kalkulationszinsfuß. Wenn der Kapitalwert größer als Null ist, so ist der Barwert der Einnahmen genau um den Kapitalwert größer als der Barwert der Ausgaben. Somit ist der Kapitalwert der aktuelle Wert aller mit der Investition verbundenen Zahlungen, also der "Wert" dieser Kapitalanlagemöglichkeit.

**1.F** Bei einem Zerobond ergibt sich der Rückzahlungskurs durch Aufzinsen des Ausgabekurses. Es gilt also:

$$2.500 * q^{16} = 10.000 \quad | \ /2.500$$

Diese Gleichung kann nun nach q aufgelöst werden:

$$\Leftrightarrow q^{16} = 4 \quad | \ \text{hoch} \ \tfrac{1}{16}$$

$$\Leftrightarrow q = 4^{1/16}$$

$$\Leftrightarrow q = 1,0905$$

$$\Rightarrow i = q - 1 = 0,0905$$

Die effektive Verzinsung der Anleihe beträgt also 9,05%.

# 1.G

a)  Zunächst muss die Annuität berechnet werden. Es ergibt sich:

$$D = 1.000.000 * KWF_{0,1}^{12} = 147.000$$

Nun kann der Tilgungsplan aufgestellt werden:

| Jahr | Anfangsschuld | Zinsen (10% von A) | Tilgung (D − Z) |
|---|---|---|---|
| 1 | 1.000.000 | 100.000 | 47.000 |
| 2 | 953.000 | 95.300 | 51.700 |
| 3 | 901.300 | 90.130 | 56.870 |
| 4 | 844.430 | | |

Die Anfangsschuld entspricht jeweils der Restschuld am Ende des vorherigen Jahres.

b)  Die Restschuld nach 3 Jahren beträgt EUR 844.430.-. Die gesamte Tilgungsdauer soll gleich bleiben. Somit sollen die verbliebenen EUR 844.430,- in 9 Jahren annuitätisch getilgt werden. Es ergibt sich:

$$D = 844.430 * KWF_{0,08}^{9} = 844.430 * 0,16 = 135.108,8$$

Die Annuität sinkt also um EUR 11.891,2 auf nun EUR 135.108,8.

**1.H** In diesem Fall ist die Laufzeit des Kredites unbekannt. Für die Annuitäten ergibt sich:

$$D = KWF_{0,09}^{n} * 5.000.000$$

Die Annuität soll höchstens 750.000 betragen. Wenn man also für die Annuität diesen Wert einsetzt, so kann man den zugehörigen maximalen Wert des KWF bestimmen:

$$750.000 = KWF_{0,09}^{n} * 5.000.000 \quad | /5.000.000$$

$$\Leftrightarrow 0,15 = KWF_{0,09}^{n}$$

Der Kapital-Wiedergewinnungs-Faktor darf also maximal einen Wert von 0,15 haben. In der Tabelle kann man nun für einen Zinssatz von 9% ermitteln, wie viele Jahre benötigt werden, damit der KWF auf den Wert von 0,15 fällt. Aus der Tabelle ergibt sich:

$$KWF_{0,09}^{10} = 0,156 \qquad KWF_{0,09}^{11} = 0,147$$

Somit beträgt die kürzest mögliche Kreditlaufzeit 11 Jahre. Für die Annuität ergibt sich:

$$D = KWF_{0,09}^{11} * 5.000.000 = 0,147 * 5.000.000 = 735.000$$

Die Annuität bei der kürzest möglichen Kreditlaufzeit beträgt also 735.000 EUR.

## 8.2  Wahlproblem

**2.A** Da bei dem festverzinslichen Wertpapier sowohl der Ausgabekurs als auch der Rückzahlungskurs 100% beträgt, entspricht der Nominalzins der Rendite (Verzinsung) der Anleihe. Also soll die Aktie für 10 Jahre eine jährliche Verzinsung von 8% erbringen. Die Aktie kann als eine Investition betrachtet werden. Der Kaufpreis entspricht $a_0$, die jährlichen Einzahlungsüberschüsse sind die Dividende und der Kurswert nach 10 Jahren (KW) ist der Liquidationserlös. Die Verzinsung der Aktie entspricht genau dann den 8%, wenn sich für den Kapitalwert beim Kalkulationszinsfuß von 8% der Wert Null ergibt:

$$0 = -140 + 6 * ASF_{0,08}^{10} + \frac{1}{1,08^{10}} * KW \qquad | - \frac{1}{1,08^{10}} * KW$$

$$\Leftrightarrow -\frac{1}{1,08^{10}} * KW = -140 + 6 * ASF_{0,08}^{10} \qquad | * 1,08^{10}$$

$\Leftrightarrow KW = -1{,}08^{10} * (-140 + 6 * ASF^{10}_{0{,}08})$

$\Leftrightarrow KW = 215{,}33$

Die beiden Alternativen bringen also die gleiche Verzinsung, wenn die Aktie nach 10 Jahren einen Kurswert von 215,33 EUR hat.

**2.B** Die Unterschiede treten auf, wenn Längen- und/oder Breitendiskrepanz vorliegt. Längendiskrepanz bedeutet, dass die Investitionen eine unterschiedliche Laufzeit haben. Hier stellt sich die Frage, zu welchen Konditionen die Ersatzinvestitionen bei der Investition mit der kürzeren Laufzeit durchgeführt werden können. Bei der Kapitalwertmethode wird unterstellt, dass die Ersatzinvestitionen nur zum Kalkulationszinsfuß durchgeführt werden können. Bei der Annuitätenmethode und der Methode des internen Zinsfußes wird hingegen unterstellt, dass die Ersatzinvestitionen zum internen Zinsfuß getätigt werden können.

Breitendiskrepanz besteht, wenn die zu investierenden Summen unterschiedlich hoch sind und/oder die Auszahlungen sich unterschiedlich auf die Laufzeit der Investition verteilen. In diesem Fall ist von Bedeutung, welche Verzinsung für die nicht investierten Beträge und die Rückflüsse während der Laufzeit der Investition angesetzt wird. Die Anlage der zuvor angeführten Beträge wird auch als Erweiterungsinvestition bezeichnet. Die Kapitalwert- und Annuitätenmethode unterstellen, dass die Erweiterungsinvestitionen nur zum Kalkulationszinsfuß durchgeführt werden können. Bei der Methode des internen Zinsfußes wird auch für die Erweiterunsinvestitionen der interne Zinsfuß unterstellt.

## 2.C

a)  Da in der Aufgabenstellung keine weiteren Angaben gemacht sind, kann man davon ausgehen, dass die umgerüstete und die neue Anlage identische Sonnenschirme herstellen, so dass ein Vergleich der Kostenannuitäten ausreicht. Für die Kostenannuitäten ergibt sich:

Kostenannuität bei Alternative A:

$$6.000 \quad + \quad 1.000 * 60 \quad + \quad KWF^{5}_{0{,}1} * (150.000 \quad + \quad 50.000) = 118.800$$

| 6.000 | 1.000 * 60 | | 150.000 | 50.000 |
|---|---|---|---|---|
| jährliche | jährliche | | Opportuni- | einmalige |
| fixe | variable | | tätskosten | Umrüst- |
| Kosten | Kosten | | | kosten |

Kostenannuität bei Alternative B:

$$\underset{\substack{\text{jährliche}\\\text{fixe}\\\text{Kosten}}}{2.000} + \underset{\substack{\text{jährliche}\\\text{variable}\\\text{Kosten}}}{1.000 * 40} + KWF_{0,1}^{8} * \underset{\substack{\text{Anschaffungs-}\\\text{ausgabe}}}{440.000} = 124.280$$

Man würde sich für Alternative A entscheiden, da bei dieser Alternative die Kostenannuitäten niedriger sind.

b)  Abhängig von der Menge x werden die beiden Kostenannuitäten gleich gesetzt:

$$6.000 + x * 60 + KWF_{0,1}^{5} * 200.000 = 2.000 + x * 40 + KWF_{0,1}^{8} * 440.000$$

$\Leftrightarrow 20x = 25.480$

$\Leftrightarrow x = 1.274$

Bei einer Ausbringungsmenge von 1.274 Sonnenschirmen haben die beiden Anlagen die gleichen Kostenannuitäten.

**2.D** Bei dieser Aufgabe gilt es zu beachten, dass die Zinssätze, die sich erzielen lassen, von der Höhe des angelegten Kapitals abhängen. Am besten berechnet man für die beiden Investitionsmöglichkeiten die Endwerte und vergleicht diese dann.

Wenn der Investor sein gesamtes Geld in die Finanzinvestition steckt, so bekommt er es zu 10% verzinst. Nach einem Jahr kann er dann das Geld zuzüglich Zinsen wieder zu 10% anlegen usw. Somit ergibt sich in diesem Fall folgender Endwert:

$$E_a = 80.000 * 1,1^3 = 106.480$$

Bei der Sachinvestition muss er die EUR 80.000 voll investieren. Nach einem Jahr erhält er EUR 30.000, die er zu 7% (der Anlagebetrag liegt unter EUR 50.000) anlegen kann. Nach zwei Jahren erhält er weitere EUR 28.000, somit hat er nach 2 Jahren insgesamt:

$$30.000 * 1,07 + 28.000 = 60.100$$

Dieses Geld kann er nun zu 10% (Anlagebetrag über EUR 50.000) anlegen. Zusätzlich erhält er nach 3 Jahren EUR 41.000. Somit ergibt sich nach 3 Jahren insgesamt folgender Endbetrag:

$$E_b = 60.100 * 1,1 + 41.000 = 107.110$$

Bei der Sachinvestition ergibt sich also ein höherer Endwert, als wenn zu

Anfang das gesamte Geld in die Finanzinvestition gesteckt wird. Daher sollte der Investor die Sachinvestition durchführen.

**2.E** Die Barwerte (bzw. Kapitalwerte) der drei Alternativen müssen berechnet und verglichen werden.

I:    Die sofortige Zahlung von EUR 500.000 entspricht einem Kapitalwert von 500.000 EUR.

II:    In diesem Fall ergibt sich für den Kapitalwert:

$$C_0 = 50.000 + \frac{1}{1,06^3} * 300.000 + \frac{1}{1,06^5} * 300.000 = 526.063$$

III:    Hier ergibt sich der Kapitalwert, indem die Jahresrente mit dem Abzinsungssummenfaktor multipliziert wird.

$$C_0 = 55.000 * ASF_{0,06}^{15} = 55.000 * 9,712 = 534.160$$

Somit ergibt sich bei der Alternative III der höchste Kapitalwert und A sollte sich für diese Alternative, also die Jahresrente von EUR 55.000, entscheiden.

Wenn der Makler ein echter Freund ist, so wird er A die Alternative III empfehlen.

(PS: Bei einem Makler, der selbst die Angebote offeriert, kann man sich aber natürlich nicht sicher sein. Abhängig von dem eigenen Kalkulationszinssatz wird dieser dem A möglicherweise das für ihn selbst (den Makler) günstigste Angebot empfehlen).

**2.F** Wenn alle Ersatz- und Ergänzungsinvestitionen nur zum Kalkulationszinsfuß durchgeführt werden können, so bildet die Kapitalwertmethode eine tragfähige Entscheidungsgrundlage. Bei der Kapitalwertmethode werden alle Zahlungen mit dem Kalkulationszinssatz abgezinst und die sich auf diese Weise ergebenden Kapitalwerte verglichen. Es wird also betrachtet, wie viel die Investition über den Kalkulationszinssatz hinaus erbringt. Für die Rückflüsse aus der Investition wird angenommen, dass sie zum Kalkulationszinssatz verzinst werden und somit in der Laufzeit der Investition und danach keinen weiteren Beitrag zum Kapitalwert erbringen.

Wenn alle Ergänzungsinvestitionen zum Kalkulationszinssatz und alle Ersatzinvestitionen zum internen Zins durchgeführt werden, so ist die Annuitätenmethode angebracht.

Die interne Zinsfußmethode ist angebracht, wenn alle Ersatz- und Ergänzungsinvestitionen zum internen Zinsfuß durchgeführt werden. Bei der internen Zinsfußmethode werden die internen Zinsfüße der Alternativen verglichen. Wenn erwartet wird, dass auch alle Rückflüsse aus der Investition wiederum zum internen Zinsfuß angelegt werden können, so ist es angebracht, die Investitionen nur anhand des internen Zinsfußes zu vergleichen.

## 8.3 Ersatzproblem

**3.A** Bei dieser Aufgabe müssen für die einzelnen Jahre die Kosten der Nutzung der alten Anlage mit den Kosten der Nutzung der neuen Anlage verglichen werden. (Da die neue Anlage die Produktionsaufgaben in identischer Form übernehmen würde, reicht es aus, die Kosten der Aggregate zu vergleichen.) Für die Kostenannuität der neuen Anlage ergibt sich:

$$150.000 * KWF_{0,1}^{5} + 36.000 = 75.600$$

Bei der alten Anlage müssen außer den Betriebsausgaben auch die Verringerung des Liquidationserlöses und die entgangenen Zinseinnahmen auf den Liquidationserlös berücksichtigt werden. Für das erste Jahr ergibt sich:

$$1 \text{ Jahr: } 60.000 + (30.000 - 19.000) + 0,1 * 30.000 = 74.000$$

Im ersten Jahr ist es also günstiger, die alte Anlage weiter zu benutzen. Für die weiteren Jahre ergibt sich:

$$2 \text{ Jahr: } 64.000 + (19.000 - 10.000) + 0,1 * 19.000 = 74.900$$

$$3 \text{ Jahr: } 66.000 + 10.000 + 0,1 * 10.000 = 77.000$$

Auch im zweiten Jahr ist die alte Anlage günstiger, im dritten allerdings teurer als die neue Anlage. Somit sollte die alte Anlage nach 2 Jahren durch die neue ersetzt werden.

**3.B** Die Kostenannuitäten der beiden Anlagen müssen verglichen werden. Für die neue Anlage ergibt sich folgende Kostenannuität:

$$300 * 600 + KWF_{0,08}^{5} * 2 \text{ Mio.} = 680.000$$

jährliche variable Kosten   Kapitaldienst der neuen Anlage N

Bei der alten Anlage müssen die Opportunitätskosten der weiteren Nutzung berücksichtigt werden. Hierbei spielt der ursprüngliche Kaufpreis der Anlage ebenso wenig eine Rolle wie der aktuelle Bilanzwert. Entscheidend ist der aktuelle Marktwert, also für wie viel Geld man die Anlage zur Zeit verkaufen könnte. In diesem Fall sind also 700.000 EUR anzusetzen. Allerdings gehen durch die weitere Nutzung der Anlage nicht die gesamten 700.000 EUR verloren, denn nach zwei Jahren kann man als Liquidationserlös noch 50.000 EUR erzielen. Insgesamt ergibt sich somit für die Opportunitätskosten der weiteren Nutzung:

$$700.000 - \frac{1}{1,08^2} * 50.000 = 657.133$$

Der Liquidationserlös musste bei der Berechnung abgezinst werden, denn er fällt ja erst in zwei Jahren an. Für die jährlichen Kosten der alten Anlage ergibt sich nun:

$$500 * 600 + KWF^2_{0,08} * 657.133 = 668.651$$

| jährliche | Kostenannuität |
| variable | der Oppor- |
| Kosten | tunitätskosten |

Es ist also am günstigsten, die alte Anlage für weitere 2 Jahre zu nutzen, denn bei der alten Anlage ergibt sich die niedrigere Kostenannuität.

# 8.4  Investitionsprogramme

**4.A a)** In der Tabelle sind die Investitionsobjekte und Finanzmittel bereits nach der Vorteilhaftigkeit sortiert. Es müssen nun der Reihe nach die jeweils günstigsten Investitionen mittels der jeweils günstigsten Finanzierung realisiert werden. Zunächst wird die Investition Nr. 1, die eine Rendite von 9% bringt, gewählt. Die notwendigen 300.000 EUR werden durch die 200.000 EUR Eigenkapital (6%) und 100.00 EUR von dem Fremdkapital 1 (7%) aufgebracht. Da die Kostensätze für beide Finanzquellen unter 9% liegen, lohnt sich diese Investition auf jeden Fall. Die nächstgünstige Investition mit einer Rendite von 8% ist die Investition 2. Um die notwendigen 200.000 EUR zu finanzieren, stehen noch 150.000 EUR von dem Fremdkapital 1 zu 7% zur Verfügung. Die noch fehlenden 50.000 EUR müssen durch Fremdkapital 2 zu 9% finanziert werden. Die 9% übersteigen die Rendite der Investition, daher muss in diesem Fall überprüft werden, ob sich die Investition überhaupt noch lohnt. Die Investition 2 erbringt mit der angeführten Finanzierung folgenden Gewinn:

$$200.000 * 0,08 - 150.000 * 0,07 - 50.000 * 0,09 = 1.000$$

Der Gewinn ist positiv, und somit lohnt es sich, die Investition 2 durchzuführen. Die Investitionen 3 und 4 lohnen sich nicht, denn diese erbringen lediglich Renditen von 7% bzw. 6% und müssten mit dem Fremdkapital 2 zu 9% finanziert werden.

Es werden also die Investition 1 und 2 durchgeführt und mit dem Eigenkapital, dem Fremdkapital 1 und 50.000 EUR vom Fremdkapital 2 finanziert.

**b)** Die Investition wird auch in diesem Fall wie zuvor beschrieben durchgeführt. Die Investition 2 wird nun aber nur noch in dem Umfang durchgeführt, in dem die Finanzierungskosten unter dem Ertrag der Investition liegen. Dies trifft für die Summe von 150.000 EUR zu, die mit dem Fremdkapital 1 finanziert wird. Für die weiteren 50.000 EUR übersteigen aber die Finanzierungskosten den Ertrag, denn die Investition erwirtschaftet eine Rendite von 8%, und für die weiteren 50.000 EUR müssten 9% gezahlt werden.

Wenn die Investitionsobjekte beliebig teilbar sind, wird also die Investition 1 und die Investition 2 im Umfang von 150.000 EUR durchgeführt. Zur Finanzierung wird das Eigenkapital und das Fremdkapital 1 verwendet.

# Literaturverzeichnis

Dörsam, Peter (2007): Grundlagen der Entscheidungstheorie. 5. Aufl. Heidenau: PD-Verlag, 2007

Dörsam, Peter (2006): Mathematik anschaulich dargestellt - für Studierende der Wirtschaftswissenschaften. 13. Aufl. Heidenau: PD-Verlag, 2006

Kruschwitz, Lutz (1998): Investitionsrechnung. 7. Aufl. München; Wien: Oldenbourg, 1998

Manz, Klaus/Dahmen, Andreas (1993): Investition. München: Vahlen, 1993

Schierenbeck, Henner (2000): Grundzüge der Betriebswirtschaftslehre. 15. Aufl. München; Wien: Oldenbourg, 2000

Schneider, Dieter (1992): Investition, Finanzierung und Besteuerung. 7. Aufl. Wiesbaden: Gabler, 1992

Wöhe, Günter (1993): Einführung in die Allgemeine Betriebswirtschaftslehre. 18. Aufl. München: Vahlen, 1993

# Index

# Kapital-Wiedergewinnungs-Faktor (KWF)

| n\i | 1% | 2% | 3% | 4% | 5% | 6% | 7% | 8% | 9% | 10% | 11% | 12% | 13% | 14% | 15% | 16% | 17% | 18% | 19% | 20% | 22% | 24% | 26% | 28% | 30% |
|---|---|---|---|---|---|---|---|---|---|---|---|---|---|---|---|---|---|---|---|---|---|---|---|---|---|
| 1 | 1,010 | 1,020 | 1,030 | 1,040 | 1,050 | 1,060 | 1,070 | 1,080 | 1,090 | 1,100 | 1,110 | 1,120 | 1,130 | 1,140 | 1,150 | 1,160 | 1,170 | 1,180 | 1,190 | 1,200 | 1,220 | 1,240 | 1,260 | 1,280 | 1,300 |
| 2 | 0,508 | 0,515 | 0,523 | 0,530 | 0,538 | 0,545 | 0,553 | 0,561 | 0,568 | 0,576 | 0,584 | 0,592 | 0,599 | 0,607 | 0,615 | 0,623 | 0,631 | 0,639 | 0,647 | 0,655 | 0,670 | 0,686 | 0,702 | 0,719 | 0,735 |
| 3 | 0,340 | 0,347 | 0,354 | 0,360 | 0,367 | 0,374 | 0,381 | 0,388 | 0,395 | 0,402 | 0,409 | 0,416 | 0,424 | 0,431 | 0,438 | 0,445 | 0,453 | 0,460 | 0,467 | 0,475 | 0,490 | 0,505 | 0,520 | 0,535 | 0,551 |
| 4 | 0,256 | 0,263 | 0,269 | 0,275 | 0,282 | 0,289 | 0,295 | 0,302 | 0,309 | 0,315 | 0,322 | 0,329 | 0,336 | 0,343 | 0,350 | 0,357 | 0,365 | 0,372 | 0,379 | 0,386 | 0,401 | 0,416 | 0,431 | 0,446 | 0,462 |
| 5 | 0,206 | 0,212 | 0,218 | 0,225 | 0,231 | 0,237 | 0,244 | 0,250 | 0,257 | 0,264 | 0,271 | 0,277 | 0,284 | 0,291 | 0,298 | 0,305 | 0,313 | 0,320 | 0,327 | 0,334 | 0,349 | 0,364 | 0,379 | 0,395 | 0,411 |
| 6 | 0,173 | 0,179 | 0,185 | 0,191 | 0,197 | 0,203 | 0,210 | 0,216 | 0,223 | 0,230 | 0,236 | 0,243 | 0,250 | 0,257 | 0,264 | 0,271 | 0,279 | 0,286 | 0,293 | 0,301 | 0,316 | 0,331 | 0,347 | 0,362 | 0,378 |
| 7 | 0,149 | 0,155 | 0,161 | 0,167 | 0,173 | 0,179 | 0,186 | 0,192 | 0,199 | 0,205 | 0,212 | 0,219 | 0,226 | 0,233 | 0,240 | 0,248 | 0,255 | 0,262 | 0,270 | 0,277 | 0,293 | 0,308 | 0,324 | 0,340 | 0,357 |
| 8 | 0,131 | 0,137 | 0,142 | 0,149 | 0,155 | 0,161 | 0,167 | 0,174 | 0,181 | 0,187 | 0,194 | 0,201 | 0,208 | 0,216 | 0,223 | 0,230 | 0,238 | 0,245 | 0,253 | 0,261 | 0,276 | 0,292 | 0,309 | 0,325 | 0,342 |
| 9 | 0,117 | 0,123 | 0,128 | 0,134 | 0,141 | 0,147 | 0,153 | 0,160 | 0,167 | 0,174 | 0,181 | 0,188 | 0,195 | 0,202 | 0,210 | 0,217 | 0,225 | 0,232 | 0,240 | 0,248 | 0,264 | 0,280 | 0,297 | 0,314 | 0,331 |
| 10 | 0,106 | 0,111 | 0,117 | 0,123 | 0,130 | 0,136 | 0,142 | 0,149 | 0,156 | 0,163 | 0,170 | 0,177 | 0,184 | 0,192 | 0,199 | 0,207 | 0,215 | 0,223 | 0,230 | 0,239 | 0,255 | 0,272 | 0,289 | 0,306 | 0,323 |
| 11 | 0,096 | 0,102 | 0,108 | 0,114 | 0,120 | 0,127 | 0,133 | 0,140 | 0,147 | 0,154 | 0,161 | 0,168 | 0,176 | 0,183 | 0,191 | 0,199 | 0,207 | 0,215 | 0,223 | 0,231 | 0,248 | 0,265 | 0,282 | 0,300 | 0,318 |
| 12 | 0,089 | 0,095 | 0,100 | 0,107 | 0,113 | 0,119 | 0,126 | 0,133 | 0,140 | 0,147 | 0,154 | 0,161 | 0,169 | 0,177 | 0,184 | 0,192 | 0,200 | 0,209 | 0,217 | 0,225 | 0,242 | 0,260 | 0,277 | 0,295 | 0,313 |
| 13 | 0,082 | 0,088 | 0,094 | 0,100 | 0,106 | 0,113 | 0,120 | 0,127 | 0,134 | 0,141 | 0,148 | 0,156 | 0,163 | 0,171 | 0,179 | 0,187 | 0,195 | 0,204 | 0,212 | 0,221 | 0,238 | 0,256 | 0,274 | 0,292 | 0,310 |
| 14 | 0,077 | 0,083 | 0,089 | 0,095 | 0,101 | 0,108 | 0,114 | 0,121 | 0,128 | 0,136 | 0,143 | 0,151 | 0,159 | 0,167 | 0,175 | 0,183 | 0,191 | 0,200 | 0,208 | 0,217 | 0,234 | 0,252 | 0,271 | 0,289 | 0,308 |
| 15 | 0,072 | 0,078 | 0,084 | 0,090 | 0,096 | 0,103 | 0,110 | 0,117 | 0,124 | 0,131 | 0,139 | 0,147 | 0,155 | 0,163 | 0,171 | 0,179 | 0,188 | 0,196 | 0,205 | 0,214 | 0,232 | 0,250 | 0,268 | 0,287 | 0,306 |
| 16 | 0,068 | 0,074 | 0,080 | 0,086 | 0,092 | 0,099 | 0,106 | 0,113 | 0,120 | 0,128 | 0,136 | 0,143 | 0,151 | 0,160 | 0,168 | 0,176 | 0,185 | 0,194 | 0,203 | 0,211 | 0,230 | 0,248 | 0,267 | 0,285 | 0,305 |
| 17 | 0,064 | 0,070 | 0,076 | 0,082 | 0,089 | 0,095 | 0,102 | 0,110 | 0,117 | 0,125 | 0,132 | 0,140 | 0,149 | 0,157 | 0,165 | 0,174 | 0,183 | 0,191 | 0,200 | 0,209 | 0,228 | 0,246 | 0,265 | 0,284 | 0,304 |
| 18 | 0,061 | 0,067 | 0,073 | 0,079 | 0,086 | 0,092 | 0,099 | 0,107 | 0,114 | 0,122 | 0,130 | 0,138 | 0,146 | 0,155 | 0,163 | 0,172 | 0,181 | 0,190 | 0,199 | 0,208 | 0,226 | 0,245 | 0,264 | 0,283 | 0,303 |
| 19 | 0,058 | 0,064 | 0,070 | 0,076 | 0,083 | 0,090 | 0,097 | 0,104 | 0,112 | 0,120 | 0,128 | 0,136 | 0,144 | 0,153 | 0,161 | 0,170 | 0,179 | 0,188 | 0,197 | 0,206 | 0,225 | 0,244 | 0,263 | 0,283 | 0,302 |
| 20 | 0,055 | 0,061 | 0,067 | 0,074 | 0,080 | 0,087 | 0,094 | 0,102 | 0,110 | 0,117 | 0,126 | 0,134 | 0,142 | 0,151 | 0,160 | 0,169 | 0,178 | 0,187 | 0,196 | 0,205 | 0,224 | 0,243 | 0,263 | 0,282 | 0,302 |
| 21 | 0,053 | 0,059 | 0,065 | 0,071 | 0,078 | 0,085 | 0,092 | 0,100 | 0,108 | 0,116 | 0,124 | 0,132 | 0,141 | 0,150 | 0,158 | 0,167 | 0,177 | 0,186 | 0,195 | 0,204 | 0,223 | 0,243 | 0,262 | 0,282 | 0,301 |
| 22 | 0,051 | 0,057 | 0,063 | 0,069 | 0,076 | 0,083 | 0,090 | 0,098 | 0,106 | 0,114 | 0,122 | 0,131 | 0,139 | 0,148 | 0,157 | 0,166 | 0,176 | 0,185 | 0,194 | 0,204 | 0,223 | 0,242 | 0,262 | 0,281 | 0,301 |
| 23 | 0,049 | 0,055 | 0,061 | 0,067 | 0,074 | 0,081 | 0,089 | 0,096 | 0,104 | 0,113 | 0,121 | 0,130 | 0,138 | 0,147 | 0,156 | 0,165 | 0,175 | 0,184 | 0,194 | 0,203 | 0,222 | 0,242 | 0,261 | 0,281 | 0,301 |
| 24 | 0,047 | 0,053 | 0,059 | 0,066 | 0,072 | 0,080 | 0,087 | 0,095 | 0,103 | 0,111 | 0,120 | 0,128 | 0,137 | 0,146 | 0,155 | 0,165 | 0,174 | 0,183 | 0,193 | 0,203 | 0,222 | 0,241 | 0,261 | 0,281 | 0,301 |
| 25 | 0,045 | 0,051 | 0,057 | 0,064 | 0,071 | 0,078 | 0,086 | 0,094 | 0,102 | 0,110 | 0,119 | 0,127 | 0,136 | 0,145 | 0,155 | 0,164 | 0,173 | 0,183 | 0,192 | 0,202 | 0,222 | 0,241 | 0,261 | 0,281 | 0,300 |
| | 0,010 | 0,020 | 0,030 | 0,040 | 0,050 | 0,060 | 0,070 | 0,080 | 0,090 | 0,100 | 0,110 | 0,120 | 0,130 | 0,140 | 0,150 | 0,160 | 0,170 | 0,180 | 0,190 | 0,200 | 0,220 | 0,240 | 0,260 | 0,280 | 0,300 |

$$KWF_i^n = \frac{q^n(q-1)}{q^n-1} = \frac{i*(1+i)^n}{(1+i)^n-1} = \frac{1}{ASF_i^n}$$

8

# Abzinsungs-Summen-Faktor (ASF)

| n\i | 1% | 2% | 3% | 4% | 5% | 6% | 7% | 8% | 9% | 10% | 11% | 12% | 13% | 14% | 15% | 16% | 17% | 18% | 19% | 20% | 22% | 24% | 26% | 28% | 30% |
|---|---|---|---|---|---|---|---|---|---|---|---|---|---|---|---|---|---|---|---|---|---|---|---|---|---|
| 1 | 0,990 | 0,980 | 0,971 | 0,962 | 0,952 | 0,943 | 0,935 | 0,926 | 0,917 | 0,909 | 0,901 | 0,893 | 0,885 | 0,877 | 0,870 | 0,862 | 0,855 | 0,847 | 0,840 | 0,833 | 0,820 | 0,806 | 0,794 | 0,781 | 0,769 |
| 2 | 1,970 | 1,942 | 1,913 | 1,886 | 1,859 | 1,833 | 1,808 | 1,783 | 1,759 | 1,736 | 1,713 | 1,690 | 1,668 | 1,647 | 1,626 | 1,605 | 1,585 | 1,566 | 1,547 | 1,528 | 1,492 | 1,457 | 1,424 | 1,392 | 1,361 |
| 3 | 2,941 | 2,884 | 2,829 | 2,775 | 2,723 | 2,673 | 2,624 | 2,577 | 2,531 | 2,487 | 2,444 | 2,402 | 2,361 | 2,322 | 2,283 | 2,246 | 2,210 | 2,174 | 2,140 | 2,106 | 2,042 | 1,981 | 1,923 | 1,868 | 1,816 |
| 4 | 3,902 | 3,808 | 3,717 | 3,630 | 3,546 | 3,465 | 3,387 | 3,312 | 3,240 | 3,170 | 3,102 | 3,037 | 2,974 | 2,914 | 2,855 | 2,798 | 2,743 | 2,690 | 2,639 | 2,589 | 2,494 | 2,404 | 2,320 | 2,241 | 2,166 |
| 5 | 4,853 | 4,713 | 4,580 | 4,452 | 4,329 | 4,212 | 4,100 | 3,993 | 3,890 | 3,791 | 3,696 | 3,605 | 3,517 | 3,433 | 3,352 | 3,274 | 3,199 | 3,127 | 3,058 | 2,991 | 2,864 | 2,745 | 2,635 | 2,532 | 2,436 |
| 6 | 5,795 | 5,601 | 5,417 | 5,242 | 5,076 | 4,917 | 4,767 | 4,623 | 4,486 | 4,355 | 4,231 | 4,111 | 3,998 | 3,889 | 3,784 | 3,685 | 3,589 | 3,498 | 3,410 | 3,326 | 3,167 | 3,020 | 2,885 | 2,759 | 2,643 |
| 7 | 6,728 | 6,472 | 6,230 | 6,002 | 5,786 | 5,582 | 5,389 | 5,206 | 5,033 | 4,868 | 4,712 | 4,564 | 4,423 | 4,288 | 4,160 | 4,039 | 3,922 | 3,812 | 3,706 | 3,605 | 3,416 | 3,242 | 3,083 | 2,937 | 2,802 |
| 8 | 7,652 | 7,325 | 7,020 | 6,733 | 6,463 | 6,210 | 5,971 | 5,747 | 5,535 | 5,335 | 5,146 | 4,968 | 4,799 | 4,639 | 4,487 | 4,344 | 4,207 | 4,078 | 3,954 | 3,837 | 3,619 | 3,421 | 3,241 | 3,076 | 2,925 |
| 9 | 8,566 | 8,162 | 7,786 | 7,435 | 7,108 | 6,802 | 6,515 | 6,247 | 5,995 | 5,759 | 5,537 | 5,328 | 5,132 | 4,946 | 4,772 | 4,607 | 4,451 | 4,303 | 4,163 | 4,031 | 3,786 | 3,566 | 3,366 | 3,184 | 3,019 |
| 10 | 9,471 | 8,983 | 8,530 | 8,111 | 7,722 | 7,360 | 7,024 | 6,710 | 6,418 | 6,145 | 5,889 | 5,650 | 5,426 | 5,216 | 5,019 | 4,833 | 4,659 | 4,494 | 4,339 | 4,192 | 3,923 | 3,682 | 3,465 | 3,269 | 3,092 |
| 11 | 10,368 | 9,787 | 9,253 | 8,760 | 8,306 | 7,887 | 7,499 | 7,139 | 6,805 | 6,495 | 6,207 | 5,938 | 5,687 | 5,453 | 5,234 | 5,029 | 4,836 | 4,656 | 4,486 | 4,327 | 4,035 | 3,776 | 3,543 | 3,335 | 3,147 |
| 12 | 11,255 | 10,575 | 9,954 | 9,385 | 8,863 | 8,384 | 7,943 | 7,536 | 7,161 | 6,814 | 6,492 | 6,194 | 5,918 | 5,660 | 5,421 | 5,197 | 4,988 | 4,793 | 4,611 | 4,439 | 4,127 | 3,851 | 3,606 | 3,387 | 3,190 |
| 13 | 12,134 | 11,348 | 10,635 | 9,986 | 9,394 | 8,853 | 8,358 | 7,904 | 7,487 | 7,103 | 6,750 | 6,424 | 6,122 | 5,842 | 5,583 | 5,342 | 5,118 | 4,910 | 4,715 | 4,533 | 4,203 | 3,912 | 3,656 | 3,427 | 3,223 |
| 14 | 13,004 | 12,106 | 11,296 | 10,563 | 9,899 | 9,295 | 8,745 | 8,244 | 7,786 | 7,367 | 6,982 | 6,628 | 6,302 | 6,002 | 5,724 | 5,468 | 5,229 | 5,008 | 4,802 | 4,611 | 4,265 | 3,962 | 3,695 | 3,459 | 3,249 |
| 15 | 13,865 | 12,849 | 11,938 | 11,118 | 10,380 | 9,712 | 9,108 | 8,559 | 8,061 | 7,606 | 7,191 | 6,811 | 6,462 | 6,142 | 5,847 | 5,575 | 5,324 | 5,092 | 4,876 | 4,675 | 4,315 | 4,001 | 3,726 | 3,483 | 3,268 |
| 16 | 14,718 | 13,578 | 12,561 | 11,652 | 10,838 | 10,106 | 9,447 | 8,851 | 8,313 | 7,824 | 7,379 | 6,974 | 6,604 | 6,265 | 5,954 | 5,668 | 5,405 | 5,162 | 4,938 | 4,730 | 4,357 | 4,033 | 3,751 | 3,503 | 3,283 |
| 17 | 15,562 | 14,292 | 13,166 | 12,166 | 11,274 | 10,477 | 9,763 | 9,122 | 8,544 | 8,022 | 7,549 | 7,120 | 6,729 | 6,373 | 6,047 | 5,749 | 5,475 | 5,222 | 4,990 | 4,775 | 4,391 | 4,059 | 3,771 | 3,518 | 3,295 |
| 18 | 16,398 | 14,992 | 13,754 | 12,659 | 11,690 | 10,828 | 10,059 | 9,372 | 8,756 | 8,201 | 7,702 | 7,250 | 6,840 | 6,467 | 6,128 | 5,818 | 5,534 | 5,273 | 5,033 | 4,812 | 4,419 | 4,080 | 3,786 | 3,529 | 3,304 |
| 19 | 17,226 | 15,678 | 14,324 | 13,134 | 12,085 | 11,158 | 10,336 | 9,604 | 8,950 | 8,365 | 7,839 | 7,366 | 6,938 | 6,550 | 6,198 | 5,877 | 5,584 | 5,316 | 5,070 | 4,843 | 4,442 | 4,097 | 3,799 | 3,539 | 3,311 |
| 20 | 18,046 | 16,351 | 14,877 | 13,590 | 12,462 | 11,470 | 10,594 | 9,818 | 9,129 | 8,514 | 7,963 | 7,469 | 7,025 | 6,623 | 6,259 | 5,929 | 5,628 | 5,353 | 5,101 | 4,870 | 4,460 | 4,110 | 3,808 | 3,546 | 3,316 |
| 21 | 18,857 | 17,011 | 15,415 | 14,029 | 12,821 | 11,764 | 10,836 | 10,017 | 9,292 | 8,649 | 8,075 | 7,562 | 7,102 | 6,687 | 6,312 | 5,973 | 5,665 | 5,384 | 5,127 | 4,891 | 4,476 | 4,121 | 3,816 | 3,551 | 3,320 |
| 22 | 19,660 | 17,658 | 15,937 | 14,451 | 13,163 | 12,042 | 11,061 | 10,201 | 9,442 | 8,772 | 8,176 | 7,645 | 7,170 | 6,743 | 6,359 | 6,011 | 5,696 | 5,410 | 5,149 | 4,909 | 4,488 | 4,130 | 3,822 | 3,556 | 3,323 |
| 23 | 20,456 | 18,292 | 16,444 | 14,857 | 13,489 | 12,303 | 11,272 | 10,371 | 9,580 | 8,883 | 8,266 | 7,718 | 7,230 | 6,792 | 6,399 | 6,044 | 5,723 | 5,432 | 5,167 | 4,925 | 4,499 | 4,137 | 3,827 | 3,559 | 3,325 |
| 24 | 21,243 | 18,914 | 16,936 | 15,247 | 13,799 | 12,550 | 11,469 | 10,529 | 9,707 | 8,985 | 8,348 | 7,784 | 7,283 | 6,835 | 6,434 | 6,073 | 5,746 | 5,451 | 5,182 | 4,937 | 4,507 | 4,143 | 3,831 | 3,562 | 3,327 |
| 25 | 22,023 | 19,523 | 17,413 | 15,622 | 14,094 | 12,783 | 11,654 | 10,675 | 9,823 | 9,077 | 8,422 | 7,843 | 7,330 | 6,873 | 6,464 | 6,097 | 5,766 | 5,467 | 5,195 | 4,948 | 4,514 | 4,147 | 3,834 | 3,564 | 3,329 |
| ∞ | 100,00 | 50,00 | 33,33 | 25,00 | 20,00 | 16,67 | 14,29 | 12,50 | 11,11 | 10,00 | 9,091 | 8,333 | 7,692 | 7,143 | 6,667 | 6,250 | 5,882 | 5,556 | 5,263 | 5,000 | 4,545 | 4,167 | 3,846 | 3,571 | 3,333 |

$$ASF_i^n = \frac{1}{q^n} \cdot \frac{q^n - 1}{q - 1} = \frac{(1+i)^n - 1}{i \cdot (1+i)^n} = \frac{1}{KWF_i^n}$$